처음 가르치는 ABA
| 실전편 |

부모와 치료사를 위한 응용행동분석 강의

처음 가르치는 ABA

실전편

ABA

밥 첸 지음 · 박유진 옮김

캥거루북스
KANGAROOBOOKS

처음 가르치는 ABA | 실전편 |

초판 1쇄 발행 2025년 5월 20일

지은이 밥 첸
옮긴이 박유진
펴낸이 권현정
편집 이은창
디자인 디자인토브
일러스트 위수연

펴낸곳 캥거루북스
출판등록 2021년 9월 2일(제2021-000131호)
주소 경기도 파주시 법원읍 법원로 17-12
전화 031.943.0839
팩스 0303.0100.1103
이메일 kangaroobooks@naver.com

ISBN 979-11-978978-4-9 (13590)

앞으로 20년이 지나면

당신이 한 일보다 하지 않은 일 때문에

더 후회할 것이다.

그러니 닻을 올려 안전한 포구를 떠나라.

당신의 돛에 무역풍을 가득 안고 출발하여 탐험하라.

꿈꾸라. 그리고 발견하라.

마크 트웨인

밥 선생님의 〈처음 배우는 ABA(이론편)〉을 출간할 때 실제 현장에서 아이를 가르칠 수 있는 구체적인 기술을 담은 책을 후속작으로 출간하겠다고 안내했었다. 그러나 여러 사정으로 작업이 늦어지면서 책의 출간 일정을 묻는 연락을 받을 때마다 숙제를 마치지 못한 채 등교하는 아이처럼 매일 마음 한편에 부담만 쌓였다.

어느 순간 더 미뤄서는 안 되겠다는 생각이 들어 바쁜 시간을 쪼개 출간 작업에 매달렸지만, 마음과는 달리 작업이 더디게 진행되어 초조함만 더해갔다. 그러나 아무리 하찮은 노력이라도 시간이 더해지면 어떤 모양으로든 열매를 맺는 듯하다. 마침내 책을 출간함으로 약속을 지키게 되어 안도의 한숨을 내쉰다.

그 사이 밥 선생님은 사랑하는 어머님을 떠나보냈다. 어머님과의 이별로 힘든 시간을 보내며 책의 서문을 보내주었는데, 고달픈 이민 생활에도 굴하지 않고 꿋꿋하게 자녀들을 위해 전적으로 헌신한 부모님의 이야기가 감동적으로 다가

왔다. 부모님의 무한한 희생과 헌신을 보며 자녀를 위해 애쓰는 한국 부모들의 마음을 헤아리게 되었고, 그 마음 때문에 한국 부모들과 인연을 이어올 수 있었다는 고백이 큰 울림을 주었다.

이런 경험 때문인지 밥 선생님은 ABA로 아이를 치료하는 것을 단순히 아이에 국한된 문제로 보지 않는다. 궁극적으로 아이 치료가 부모를 포함한 가족 모두의 행복과 직결된 것으로 본다. 아이가 발전해 독립적으로 생활하면 부모도 자녀에게서 벗어나 자아실현이 가능해진다. 그 결과 아이의 발전이 부모와 가족의 삶에 적지 않은 변화를 가져온다는 것이다. 밥 선생님의 이야기는 내게 힘든 치료의 시간을 이겨내는 버팀목이 되었다. 그리고 아이가 독립적인 생활을 하게 되면서 그의 말이 사실이었음을 날마다 체감한다.

밥 선생님은 ABA 치료에 있어서 탁월한 역량을 가진 분이다. 아이를 가르치면서 한계에 직면할 때마다 고민과 염려를 나누면 믿기지 않을 만큼 탁월한 해법을 제시해 놀라곤 한다. 처음 밥 선생님의 책을 출간하려고 마음먹었던 것도 그의 ABA 기술을 많은 부모와 공유하고 싶어서였다.

지난 수년 동안 ABA가 빠르게 확산되어 자폐스펙트럼장애의 치료법으로 확고히 자리 잡았지만, 그동안 밥 선생님처럼 탁월하게 아이를 지도하는 전문가는 보지 못했다. 그 점에서 밥 선생님의 ABA 기술을 책으로 나누게 된 것이 내게는 큰 기쁨이다.

〈처음 배우는 ABA(이론편)〉에는 자폐스펙트럼장애를 바라보는 밥 선생님의 독특한 이해와 부모들이 쉽게 이해하도록 ABA 이론을 풀어 쓴 내용을 담았다. 〈이론편〉만 접한 부모들은 아이를 치료할 때 적용할 수 있는 기술적인 내용이 없어 다소 아쉬웠을 것이다.

그런 아쉬움을 씻어내기 위해 〈처음 가르치는 ABA(실전편)〉에는 아이를 처음 가르칠 때 적용할 수 있는 기초프로그램부터 놀이프로그램에 이르는 다양한 치료 기술을 담았다. 책에 담긴 ABA 기술을 적용해 하나하나 가르친다면 아이의 문제행동이 서서히 사라지고 점점 더 다양한 기능을 회복하는 모습을 보게 될 것이다.

앞으로 기회가 된다면 그동안 유튜브 라이브 방송을 진행하면서 받았던 수많은 질문과 해법(Q&A)을 정리한 책을 출간해 부모들이 겪는 수고를 조금이라도 덜어주고 싶다.

이 책에 담긴 기술을 아이에게 적용해 가르치다 보면 부모들도 치료사 못지않게 아이를 가르치는 능력을 갖추게 될 것이다. 그것이 책을 출간하는 궁극적인 이유다. 매일매일 아이와 씨름하며 분투하는 부모들에게 이 책이 아이의 발전을 견인하는 작은 밑거름이 되길 바란다.

권현정
ABA캥거루 대표

"한국의 부모님들을 볼 때마다 무한한 희생과 헌신으로 저희 남매를 키워주신 부모님이 생각납니다. 연약한 자녀를 위해 늘 노심초사하는 한국 부모님들에게 도움이 되기를 바라며, 사랑하는 부모님께 이 책을 바칩니다."

제가 어렸을 때 우리 가족은 중국에서 살았습니다. 아버지는 엔지니어였고 어머니는 학교 교사였습니다. 비교적 안락하고 편안한 삶을 살던 부모님은 우리 남매를 위해 모든 걸 포기하는 희생을 감내했습니다. 우리 남매가 더 나은 환경에서 미래를 꿈꿀 수 있도록 미국으로의 이민을 선택하신 겁니다. 그 결과 부모님은 엄청난 희생의 대가를 치러야만 했습니다.

미국에 도착하자마자 아버지는 중국 식당에서 요리사로 일했고, 어머니는 밭에서 파 묶는 일을 했습니다. 두 분은 하루도 빠짐없이 고된 노동에 시달렸고, 일주일에 겨우 하루만 쉴 수 있었습니다. 온종일 밭에서 일하고 온 어머니가 손가락 통증으로 괴로워하던 모습이 아직도 생생하게 기억납니다. 이후 영어로 의사소통이 가능해진 어머니가 식당 종업원으로 일하기 시작하며 우리 집 형편은 조금씩 나아졌습니다.

부모님은 일주일에 딱 하루 쉬는 날마저도 우리 남매에게 온전히 시간을 내주었습니다. 우리 가족은 휴일마다 몬테레이, 카멜, 산타크루즈, 샌프란시스코 차이나타운 등을 여행했습니다. 또 일 년에 한 번 주어지는 휴가 때는 일주일간 여러 지역을 여행했습니다. 스마트폰과 내비게이션이 없던 시절, 아버지는 지도책 한 권을 싣고 우리 가족을 요세미티 국립공원, 옐로스톤 국립공원, 그레이트 아메리카, 디즈니랜드에 데려갔습니다.

영어를 잘하지 못했던 아버지가 지도책 한 권에 의지해 국

토를 가로지르는 모험을 감행한 것은 우리 남매에게 더 넓은 세상을 보여주기 위함이었습니다. 이런 부모님의 희생 덕에 우리 남매는 무엇과도 바꿀 수 없는 소중한 경험과 추억을 간직하게 되었습니다. 저는 헌신적인 부모님을 보며 희생은 어려운 여건이나 상황에 굴하지 않고 주어진 일을 묵묵히 해내는 것임을 배웠습니다.

사람들은 제가 왜 한국의 자폐스펙트럼장애 아동의 부모들을 위해 일하는지 의아해합니다. 그 이유는 간단합니다. 자녀를 위해 헌신하는 한국의 부모들에게서 제 부모님 모습을 보았기 때문입니다. 한국의 자폐스펙트럼장애 아동의 부모들은 자녀의 더 나은 미래를 위해 기꺼이 희생을 감내하고 있습니다. 그 모습은 지난날 저희 부모님의 모습과 닮아있습니다. 그 모습을 보면서 그들을 돕고 싶었습니다. 자녀를 위해 발버둥 치는 부모와 그들의 자녀를 일으켜 세우고 싶었습니다.

아무것도 못 하던 아이가 자전거를 타고, 다른 아이들과 어울려 놀고, 학교에서 추억을 쌓으며 살 수 있도록 돕고 싶었습니다. 아이가 가진 잠재력을 최대로 끌어올려 아이 스스로 삶을 개척해 가는 모습을 보고 싶었습니다. 자녀의 변화를 통해 궁극적으로 한국 부모님들에게 희망을 주고 싶었습니다. 이것이 한국의 자폐스펙트럼장애 아동의 부모를 위해 일하는 이유입니다. 그 열망이 이어져 ABA 책까지 출간하게 되었습니다. 저희를 위해 헌신하는 삶을 살아오신 부모님을 통해 한국의 부모님들과 만날 수 있었기에 이 책은 제 부모님께 바치는 것이 마땅합니다. 더 나아가 지금도 자녀를 위해 희생하며 살아가는 모든 발달장애 아동 부모님께 이 책을 바칩니다.

끝으로 이 책을 만들기 위해 수고해 준 캥거루북스의 권현정 대표, 이은창 편집장, 박유진 팀장에게 감사의 마음을 전합니다. 이들이 없었다면 이 책의 출간은 불가능했을 것입니다. 애석하게도 저의 재능은 아이들을 돕는 데 국한되어서 언어 실력이 그리 뛰어나지 못합니다. 다행히 귀한 분들의 수고로 저의 치료 방법을 고스란히 한국의 부모들에게도 전달하게 되었습니다. 부디 이 책이 지금도 아이의 회복과 발전을 위해 분투하는 부모들을 최선의 길로 인도하는 소중한 길잡이가 되길 바랍니다.

캘리포니아에서
밥 첸

차례

1장

프로그램 준비

1. 프로그램 진행

프로그램(program)은 아이에게 가르치려는 행동 및 기술을 의미하며, 아이가 배워야 할 내용을 기반으로 설계한다. 프로그램은 본래 취지와 목적이 정해져 있더라도 아이의 장단점과 상황에 맞춰 내용을 수정해 사용하면 훨씬 효과적이다. 즉 프로그램의 난이도, 목적, 진도, 방향 등을 각각의 아이 수준에 맞춰 개별적으로 구성해야 한다. 기술을 가르치는 과정에는 기본적인 틀이 있지만, 개별 아이의 학습 극대화를 위해 방법은 얼마든지 수정할 수 있다. 이 책에서 소개하는 프로그램 역시 한 치의 오차도 없이 따라야 하는 철칙이 아니다. 단지 프로그램의 이해를 돕기 위한 지침일 뿐이다.

일반적으로 프로그램 이름은 아이에게 가르치는 행동 및 기술 명칭을 그대로 사용하는 경우가 많다. 그러면 실행하는 프로그램 이름만 봐도 목적이 무엇인지, 성취하려는 게 무엇인지 파악할 수 있다. 나는 전에 **내 머리 만지지 마** 프로그램과 **화장실에 따라오지 마** 프로그램을 설계한 적이 있다. 전자는 여성 치료사의 머리카락을 자주 만지는 아이를 위해 만들었다. 후자는 치료사가 화장실에 갈 때마다 아이가 따라가 문밖에서 기다리는 행동을 고치기 위해 만들었다. '화장실에 따라오지 마' 프로그램을 진행할 때는 치료사가 일부러 화장실에 들어간 다음 잠시 후 화장실 문을 열게 했다. 그때 화장실 밖에 아이가 서 있으면 치료사는 원래 아이가 있었던 자리에 다시 데려다 놓았다. 아이가 치료사를 따라 화장실에 가지 않을 때까지 반복해서 이 프로그램을 진행했다.

프로그램을 진행할 때 아이가 배우고 있는 내용이나 기술을 **습득 항목**(acquisition item, @)* 이라고 한다. 말 그대로 현재 아이에게 가르치고 있는 내용이나 기술을 말한다. 아이가 완

---

* 습득 항목을 기록할 때는 @으로 축약해서 표시한다.

벽하게 배운 내용이나 기술은 **숙달 항목**(mastered item, MI)^{**} 이라고 한다. 아이에게 지시를 내렸을 때 다른 사람의 도움 없이 아이 혼자서 정반응을 보이는 것을 말한다.

아이의 기술 숙달은 **숙달 점검**(check for mastery) 과정을 통해 확인할 수 있다. 아이에게 기술을 가르친 후 아이가 해당 기술을 숙달했다고 판단되면 숙달 점검을 한다. 숙달 점검은 여러 명의 치료사가 아이에게 같은 질문이나 같은 요구를 하는 방식으로 진행한다. 한 치료사가 특정 시간과 장소에서 진행하다가 시간과 장소를 바꿔 다른 치료사가 진행하는 것이다. 치료사가 돌아가며 같은 질문이나 요구를 해도 아이는 항상 정반응을 보여야 한다. 또 시간이나 장소가 달라져도 아이는 정반응을 보여야 한다. 즉 질문하는 사람, 시간, 장소에 구애받지 않고 모든 상황에서 아이가 정반응을 보여야 '아이가 기술을 숙달했다'고 판단한다. 이 기준을 전부 만족시키면 아이가 확실히 배웠다고 결론짓는다.

아이가 배운 숙달 항목은 잊지 않도록 반복해서 연습한다. 연습을 중단하는 바람에 아이가 배운 기술을 잊어버린다면

---

^{**} 숙달 항목은 단어의 첫 글자를 따서 MI로 표시한다.

투자한 시간과 에너지도 그대로 사라지기 때문이다. 일반적으로 습득 항목 프로그램을 두 번 연속해서 진행한 다음 숙달 항목 프로그램을 진행한다. 아이가 배운 내용의 양에 상관없이 초반에는 3회 중 1회는 숙달 항목을 진행하는 것이 좋다. 즉 습득 항목 시팅을 두 번 연속 진행했다면, 세 번째 시팅은 숙달 항목으로 연습한다. 이런 식으로 프로그램을 진행하면서 숙달 항목 연습 횟수를 점점 줄이는 방식으로 시팅을 진행한다.

처음에는 숙달 항목을 매일 두세 번씩 연습하는 것으로 시작한다. 차츰 연습 간격을 벌려서 나중에는 일주일에 세 번 정도 진행한다. 연습을 통해 아이가 배운 내용을 전부 기억하고 유지한다면 연습 빈도를 계속 줄여나간다. 아이가 배운 내용 연습을 점점 줄여가는 것을 유지라고 한다. 일주일에 세 번 하던 것을 두 번으로 줄이고 나중에는 한 번만 진행한다. 이후에는 격주로 한 번, 한 달에 한 번으로 계속 줄여가다가 '이 정도면 아이가 절대 잊어버리지 않겠다' 싶을 때 유지 일정을 중단한다.

2. 프로그램 시작 전 명심할 내용들

아이에게 지지 말고, 아이에게 속지 마라

아이는 태어난 날부터 부모를 자기 입맛대로 변화시키고 조종해 왔다는 사실을 알아야 한다. 아이는 부모가 옳고 그름을 판단할 수 없을 정도로 정교하게 조련할 수 있는 능력을 타고났다. 아이에게 조련된 부모는 뒤늦게 '세상에, 내 아이로 인해 내 삶이 어느새 이렇게 달라졌구나!'라고 탄식하게 될 것이다.

간단한 예를 들어보겠다. 유치원 가는 길목의 작은 사거리에서 우회전하려 할 때마다 아이가 목 놓아 소리친다. 그 길로 가기 싫다고 울부짖는 것이다. 그때마다 부모는 아이를 달래려고 그냥 좌회전해 버린다. 최소 20분은 더 돌아가야 하는데도 그 길을 택하는 것이다. 빠른 길로 가는 것보다 아이가 목청껏 소리 지르는 상황을 피하는 게 낫기 때문이다. 이렇게 아이는 일에서 시작해 중요한 일에 이르기까지 부모의 결정권을 서서히 자기 것으로 만든다. 그 결과 부모는 모든 것을 아이에게 양보하는 인생을 살게 되고 삶 전체가 아이에 의해 통제되어 버린다. 아이는 항상 주변 환경을 이용해 부모를 통제하는 데 능숙하다.

아이들은 할 수 있는 것도 못 하는 척 연기할 때가 많다. 의외로 아이들은 스스로 할 줄 아는 게 많다. 그런데도 부모가 대신 해주기를 바라며 할 수 있는 것도 못 하는 척한다. 만약 부모가 안 해주면 아이는 울고불고 소리치며 바닥에 드러누워 난리를 친다. 아이의 문제행동에 질린 부모는 '차라리 내가 해주고 말지'라고 생각한다.

여기서 부모가 반드시 기억해야 할 것이 있다. 아이는 부모가 지쳐 포기하도록 문제행동을 한다는 것이다. 아이는 문제행동을 함으로써 부모를 위협하는 동시에 상황을 장악한다. 어느 순간 부모는 아이가 사냥꾼이고 자신들은 먹잇감

신세가 되었음을 발견할 것이다. 아이는 부모가 무언가를 시도해 보기도 전에 포기하도록 가르친다. 아이는 부모를 무기력하게 만들며 희망조차 품지 못하게 길들인다.

부모가 자녀를 아무것도 못 하는 무기력한 아이라고 생각하면 실제로 무기력한 아이가 될 것이다. 아이가 아무것도 할 줄 모른다고 생각하면 실제로 아이는 아무것도 하지 못할 것이다. 자녀는 부모의 기대치를 넘어서지 못한다. 부모의 기대치가 낮으면 아이는 낮게 호응하고, 기대치가 높으면 높게 호응한다.

내가 맡았던 한 아이의 어머니는 오랫동안 자기 아이를 믿지 않았다. 그 어머니는 치료사들에게 "제 아이에게 바나나 껍질 까는 법 좀 가르쳐 주세요"라고 부탁하곤 했다. 아이에게 바나나를 주고 까라고 하면 아이는 항상 어머니에게 되돌려주며 대신 까 달라고 했기 때문이다. 아이의 행동 때문에 어머니는 아이가 바나나를 깔 줄 모른다고 생각했다.

어머니의 부탁을 받은 치료사가 아이에게 바나나를 주면서 "바나나 껍질 까!"라고 했더니 아이는 곧바로 껍질을 깠다. 아이가 할 수 있는데도 일부러 안 한 것이다. 아이에 대한 어머니의 기대치가 낮았기 때문에 아이도 그 기대에 맞게 호응한 것이다.

따라서 아이가 성공적으로 발전하기를 원한다면 부모의 생각부터 바꿔야 한다. 아이를 올바르게 이해하고 접근하는 인식의 전환이 필요하다. 가족 간의 관계도 바꿔야 한다. 부모가 포수에게 쫓기는 사냥감 같은 존재가 되어서는 안 된다. 부모는 먹잇감이 아니라 사냥꾼이 되어 아이가 부모의 눈치를 보게 해야 한다. 아이가 지켜야 할 규칙도 부모가 정해야 한다. 부모가 주도권을 쥔 채 아이를 따르게 해야 한다. 이 관계를 바꾸는 것이 얼마나 힘든지 안다. 그러나 꾸준히 노력하면 점차 변화가 생길 것이다. 부모가 취해야 할 유일한 태도는 확고한 결심이다. 변화에 성공하려면 자녀보다 고집이 더 세야 한다.

치료는 쉬운 것부터 천천히 조금씩 진행해라

아이에게 처음부터 한꺼번에 가르치려고 해선 안 된다. 매일 한 걸음씩 나아간다는 마음으로 조금씩 진도를 나가야 한다. 아이가 배워야 할 기술은 셀 수 없이 많다. 이것을 한번에 가르치려고 욕심을 내면 오히려 하나도 제대로 가르칠 수 없다. 그러므로 아이에게 가장 필요하면서도 당장 가르칠 수 있는 기술을 전략적으로 선별해야 한다. 이렇게 선별한 기술을 아이가 제대로 수행할 때까지 반복한 후 다음 프로그램으로 넘어간다.

다시 한번 강조하지만, 천천히 조금씩 진도를 나가야 한다. 부모들이 흔히 하는 최악의 선택은 한번에 너무 많은 것을 가르치려고 시도하는 것이다. 이런 시도는 결코 성공할 수 없다. 부모에게는 한꺼번에 모든 것을 가르칠만한 시간과 에너지가 없기 때문이다. 아이를 가르칠 때는 기본적인 기술 중에서도 가장 작고 소소한 것부터 시작해야 한다. 배우는 데 오래 걸리고 복잡한 기술부터 시작하면 안 된다. 이기기 어려운 큰 전투를 단번에 치르기보다는 작은 전투를 전부 승리로 이끄는 것이 낫다. 큰 전투를 치르는 동안 아이가 부모를 지치게 할 수 있기 때문이다.

따라서 부모는 작은 것부터 아이를 통제해 나가며 성공적으로 가르치는 법을 배워야 한다. '아이를 책상에 앉히고 한 시간 동안 기술을 가르쳐야지'라고 생각하면 안 된다. '5분 동안 아이를 가르친 다음 조금 쉬고, 다시 아이를 불러와 5분 동안 다른 기술을 가르친 후 다시 쉰다'라는 계획을 세우는 게 훨씬 낫다. 물론 위에서 말한 '시간'은 이해를 돕기 위한 것이니 신경 쓰지 않아도 된다. 프로그램을 진행할 때는 제한 시간을 정해 두어서는 안 된다. 그보다는 자녀가 프로그램을 성공적으로 해내는 게 더 중요하다.

아이를 가르칠 때 시도 횟수는 중요하지 않다. 한 번이든 열 번이든 아이가 배워야 할 기술을 성공할 수 있게 도와주고 아이가 성공하면 휴식 시간을 준다. 무엇보다 가르칠 때는 서두르지 말아야 한다. 아이의 발전이 너무나 절실하고, 아이의 부족함을 지금 당장 고치고 싶어도 결코 서둘러선 안 된다.

밥을 맛있게 지으려면 충분한 시간을 들여야 하는 것과 같은 이치다. 서둘러 밥을 지으려고 불을 세게 피우면 결국 밥이 타버린다. 아이를 가르칠 때도 아이 속도에 맞춰야 한다. 서두르지 말고 아이의 성공에 초점을 맞춰야 한다. 또한 필요할 때마다 충분한 도움(촉구)을 주어 아이가 도중에 포기하지 않도록 해야 한다.

현재 아이가 연습하는 기술을 독립적으로 실행할 때까지 과제의 수준을 높이거나 진도를 나가선 안 된다. 아이 수준에 맞춰야 하고, 아이가 할 수 없는 것을 요구하면 안 된다. 각 시팅은 최대한 짧게 유지하고 과제는 항상 성공하도록 진행한다. 또 무엇을 가르치든 아이가 배울 수 있도록 충분한 도움을 제공해야 한다.

아이를 가르치다 실패해도 개의치 않아야 한다. 실패는 누구나 거치는 과정이기 때문이다. 오히려 실패를 통해 배우는 것이 중요하다. 실패를 배움의 기회로 삼으려면 무엇보다 실패의 원인을 정확히 알아야 한다. 이때 중요한 것은 자녀에 대한 선입견이나 고정관념을 버리는 것이다. 냉정한 시선으로 아이의 장단점을 정확히 파악해야 한다. 장단점을 정확히 알려면 아이의 수준을 매우 구체적이고 개별적으로 파악해야 한다. '제 아이는 뭐든 잘 못 배워요' 같은 광범위한 분석보다는 '제 아이는 지시 따르기를 어려워해요' 같은 구체적인 분석이 필요하다. 이렇게 해야 아이에게 가르칠 기술을 정확히 짚어내 아이가 직면한 문제를 극복할 수 있다.

끝으로 부모가 아이를 가르칠 때는 바른 마음가짐을 가져야 한다. 바른 마음가짐은 탁월한 치료 기술보다 중요하다. 뛰어난 치료 기술을 갖고 있어도 잘못된 마음가짐으로 가르치면 아이가 제대로 성장할 수 없다. 잘못된 마음가짐은 아이 치료에 가장 큰 방해물이다.

문제행동 대응법, 완수(follow-through)

완수(follow-through)란 아이에게 한번 내린 지시 및 과제는 아이가 무조건 따르게 하는 것을 말한다. 부모나 교사가 지시를 내리면 아이는 무조건 따라야 한다. 완수는 부모와 교사뿐만 아니라 아이를 가르치는 사람이라면 반드시 알아야 할 문제행동 대응법이다. 아이를 가르치는 사람은 기본적으로 완수의 의미와 완수를 효과적으로 구현하는 방법을 알아야 한다.

예를 들어, 아이에게 '장난감 치워!'라고 지시했다면 아이가 어떤 문제행동을 보이든 무시하고 지시를 따르게 해야 한다. 아이가 싫다고 소리 지르고 울고 도망친다고 봐주면 안된다. 아이에게 방 정리를 지시했다면 아이는 무조건 방 정리를 끝내야 한다. 아이에게 '브로콜리 먹어!'라고 지시했다면 아이는 무슨 일이 있어도 브로콜리를 입에 넣고 씹어서 삼켜야 한다. 아이에게 '옷 갈아입어!'라고 지시했다면 무슨 일이 있어도 아이가 옷을 갈아입게 해야 한다. 무슨 수를 쓰든 하루가 끝나기 전까지 아이는 부모가 시킨 일을 끝마쳐야 한다. 이 과정을 통해 아이는 엄마 아빠가 지시하면 무조건 따라야 한다는 사실을 배운다.

부모가 자녀를 처음 가르치기 시작할 때 겪는 상황으로 예를 들어보겠다. 엄마가 아이에게 '박수 쳐!'라고 지시했을 때 아이는 아무 반응도 보이지 않을 것이다. 그러면 엄마는 '박수 쳐!'라고 다시 지시할 것이다. 여전히 아이가 아무것도 안 하면 엄마는 어떻게 할까? 같은 지시를 반복할 것이다. 그런 데도 아이는 계속 말을 듣지 않는다. 여기서 아이의 속마음을 살펴보자. 아이는 속으로 이렇게 생각할 것이다. '엄마 말을 들어야 하나? 난 말 안 듣기에 매번 성공했잖아. 세 번의 지시를 모두 안 따랐는데도 엄마가 그냥 넘어가 주었잖아.'

몇몇 예리한 독자들은 앞의 과정에서 '아니'를 피드백으로 주는 것이 빠졌다는 것을 눈치챘을 것이다. 그래서 이번에는 엄마가 지시를 내렸을 때 아이가 듣지 않으면 '아니'를 피드백으로 준다고 해보자. 같은 지시에도 여전히 아이가 말을 듣지 않아 엄마는 아이에게 '아니'라고 한다. 그런 다음 아이에게 지시를 반복하지만, 아이가 계속 말을 안 들어 엄마는 다시 '아니'라고 말한다. 이 과정을 거치면서 아이는 계속해서 말을 듣지 않아도 된다는 것을 배운다. 같은 상황이 반복되다 보면 엄마는 결국 '내가 졌다, 졌어!'라며 포기한다. 여기서 꼭 기억할 내용이 있다. 부모가 포기하는 순간 아이가 승리의 깃발을 잡게 된다는 것이다. 부모가 포기하는 걸 본 아이는 속으로 이렇게 생각할 것이다. '거봐, 내가 말을 안 들었더니 엄마가 포기하잖아. 이제 두 번 다시 나한테 똑같은 지시를 내리지 않을 거야.'

'아니'라는 피드백을 주었음에도 아이는 말을 듣지 않았다. 그렇다면 무엇이 문제일까? 완수가 빠진 것이다. 완수는 아이가 부모의 지시를 무조건 따르게 하는 것이라고 했다. 한 번 지시를 내리면 아이는 반드시 지시를 따라야 한다. 완수를 위해 이번에는 아이에게 '박수 쳐!'라고 한 다음 곧바로 아이 손을 잡아서 박수 치게 한다. 아이의 손을 잡아 도와주는 것이 촉구이며, 지시한 대로 박수 치게 하는 것이 완수다. 완수 후에는 아이에게 '잘했어!'라고 강화를 준다. 임의로 도움을 주어 아이가 지시를 따랐어도 강화를 제공해야 한다. 촉구 여부와 상관없이 아이가 부모 말을 들었기 때문이다.

다시 한번 시팅 과정을 설명하면 다음과 같다. 우선 아이에게 지시를 내린다. 아이가 지시를 따르지 않으면, 아이 손을 잡아서 박수 치도록 촉구를 준다. 이렇게 해서 지시를 완수하면 강화를 준다. 지시 후 촉구로 아이가 지시를 따랐어도 강화를 준다. 이후 같은 과정을 반복한다. 여기서 과제 목표는 촉구를 주지 않아도 아이가 지시를 따르는 것이다. 반복 훈련을 통해 아이가 독립적으로 지시를 수행하면 수행 성공에 대해 강화를 준다.

앞의 과정을 자세히 살펴보면 아이는 지시를 받을 때마다 촉구로 인해 말을 듣게 되었다. 아이는 지시를 받을 때마다 '엄마의 지시를 따라야 하나, 말아야 하나?' 고민할 것이다. 그러나 결과를 보면 답은 뻔하다. '엄마가 뭘 시키든 어차피 난 하게 되잖아.' 아이는 이렇게 생각하면서 엄마를 존중하고 엄마 말에 귀 기울이게 된다.

일반적으로 아이는 부모 지시를 따르지 않으면서 점점 더 부모 말을 들을 필요가 없다는 걸 배운다. 그러므로 가능한 모든 방법을 동원해 아이가 지시를 따르게 만들어야 한다. 여기서 잊지 말아야 할 내용이 있다. 아이가 지시를 따르게 할 자신이 없다면 처음부터 지시를 내려선 안 된다. 예를 들어, 기분이 엉망인 날에 아이가 집안을 난장판으로 만들었다고 해보자. 아이에게 청소시킬 기력조차 없다면 집을 치우라는 지시는 처음부터 하지 말아야 한다. 일단 아이에게 지시를 내리면 완수해야 하기 때문이다.

한 번 더 강조해 말한다. 아이를 순응하게 하려면 순응하는 아이로 만들어라. 만약 아이에게 지시했는데도 따르지 않으면 아이 손을 직접 잡아서 지시를 정확히 따르게 한다. 촉구를 주어 억지로 지시를 따르게 하는 것도 지시 순응으로 인정한다. 예를 들어, 아이에게 '공 던져!'라고 했는데 아이가 지시를 거부했다고 해보자. 이때 부모가 아이 손을 잡아 공을 억지로 던지게 했다면, 이것도 지시를 따른 것으로 간주한다. 믿기지 않겠지만 아이는 이렇게 억지로 하는 행동에 분노한다. 부모가 억지로 말을 듣게 한 후 '잘 던졌어!'라고 하면 아이는 '으악!' 화를 내며 자기가 거부한 공 던지기를 기어이 수행한 것에 분노할 것이다.

실제로 비슷한 일이 있었다. 내가 담당했던 아이가 하루는 쓰레기통을 넘어뜨렸다. 쓰레기통에 있던 종이 등이 쏟아진 것을 보고 나는 쓰레기를 주워 담게 했다. 그 과정에서 아이가 지시를 따르도록 아이 손을 잡아 종이를 집게 한 후 휴지통에 담도록 했다. 그런 뒤 아이에게 '고마워, 말 잘 듣네!'라고 칭찬해 주었다. 비록 아이 스스로 지시를 따르지 않았지만, 완수에 성공해 아이가 말을 들은 것으로 간주한 것이다. 그러자 아이는 억지로 휴지를 주운 것이 억울했는지 크게 화를 냈다. 나는 아이 반응에 신경 쓰지 않고 아이가 독립적으로 지시를 따를 때까지 앞의 과정을 반복했다. 치료사는 아이가 지시에 따라 정확한 반응을 보일 때까지 계속 싸워서라도 완전한 독립 수행을 달성해야 한다. 반면에 부모는 완벽한 독립 수행을 목표로 할 필요는 없다. 아이가 지시를 따르려는 노력을 조금만 보여도 시팅을 끝내기에 충분하다.

3. 데이터 기록의 필요성 및 중요성

ABA 프로그램을 진행하는 동안 치료사들은 데이터를 기록한다. ABA에서 데이터 기록은 아이의 치료 상황을 파악할 수 있어서 굉장히 중요하다. 기록된 데이터를 보면 잘 진행되는 프로그램과 그렇지 않은 프로그램이 무엇인지 자세히 알 수 있다. 시간의 흐름에 따라 아이의 발전 과정도 알 수 있어서 반드시 데이터를 기록해야 한다.

데이터 기록이 중요한 또 다른 이유는 객관성 유지를 위해서다. 사람은 감정과 기분에 따라 주관적으로 행동하고 판단하는 경향이 강하다. 그러나 아이를 돕는 치료사는 올바른 지도를 위해 항상 객관적인 태도를 유지하고 균형 잡힌 판단을 내려야 한다. 아이를 제대로 가르치고 있는지, 실제 치료 효과가 있는지, 아이의 삶에 변화가 나타나는지, 아이의 행동이 올바르게 교정되고 있는지 정확히 알기 위해서는 반드시 데이터가 필요하다. 더 나아가 데이터는 치료를 시작한 시점부터 현재까지 아이의 모든 상황이 반영되어 있어 아이가 얼마나 발전했고, 그 변화가 아이 삶에 어떤 영향을 주었는지 알려준다.

의학 분야에서 새로 개발한 시험약의 효과를 확인할 때 가짜 약인 **플라시보 대조군**(placebo control)을 사용한다. 플라시보는 밀가루나 설탕처럼 특효가 없는 물질로 만든 위약이다. 시험약에 개발자가 의도한 효과가 있는지, 단지 플라시보 효과에 불과한 것인지 테스트할 때 사용한다. 플라시보 효과는 사람들이 생각하는 것보다 강력하다. 실제 실험에서 같은 질병이 있는 사람 수십 명에게 '이 약은 여러분의 질병 치료에 효과가 있습니다'라는 설명과 함께 위약을 복용하게 했더니 참가 인원 중 삼 분의 일에서 증상이 완화되는 효과가 나타났다.

이 같은 현상에 속지 않기 위해서는 제대로 된 검증이 필요하다. 전문 치료사는 치료가 의도대로 이뤄지는지 객관적으로 확인할 의무가 있다. 객관적인 검증을 위해서 필요한 것이 데이터다. 누누이 강조하지만 ABA에서 데이터는 굉장히 중요하다. 아이를 가르치는 방법이나 아이 행동에 어떤 문제가 있는지 식별하고 치료를 뒷받침하는 데 큰 도움을 주기 때문이다. 만약 데이터를 통해 현재 진행 중인 행동 중재에 효과가 없다는 것이 확인되면 현재의 행동 중재를 멈추고 아이에게 도움 되는 행동 중재로 바꿔야 한다.

나는 객관성을 유지하려고 내가 담당한 아이들의 자폐 진단을 우리 회사와 무관한 외부 기관에 맡겨왔다. 아이들은 전부 외부 기관을 통해 자폐 진단을 받았다. 즉, 아이의 자폐 여부를 내가 판단한 것이 아니고, 외부 기관을 통해 객관적인 검증 과정을 거친 것이다. 아이가 완치된 경우에도 학구(school district)*에서 재진단을 받은 후 치료를 종결했다. 이렇게 외부 진단 및 평가를 받는 이유는 오직 하나다. 내 치료가 아이에게 얼마나 효과가 있고, 아이의 지능과 언어 기능을 얼마나 발전시켰는지 객관적으로 측정하기 위해서다. 따라

---

* 우리나라의 교육청과 비슷한 기관으로 내부 전문가나 외부 기관과 연계해 장애 심사 서비스를 제공한다.

서 내가 직접 기록하는 데이터에는 아이의 자폐 진단에 관한 내용은 전혀 포함되지 않으며 오직 치료 과정만 담겨있다.

더 나아가 데이터는 최고의 치료를 제공하도록 돕는 도구다. 우리 회사는 진단을 제외한 모든 데이터를 기록하게 한다. 데이터는 치료사의 문제점을 찾아내는 데도 매우 중요한 기능을 하기 때문이다. 그동안 나는 많은 행동 치료 전문가들과 일해 왔다. 그중 몇몇은 자기를 너무 과대평가한 나머지 아이가 나아지지 않는 원인을 아이 개인의 탓으로 돌렸다. '제가 아이에게 맞는 교육법을 못 찾은 것 같네요'라고 자기 한계를 인정하기보다는 '발달장애가 있는 아이라 배우지 못하는 거예요'라고 단정해 버렸다. 소위 전문가라는 사람들조차 아이가 달라지지 않는 원인을 아이 책임으로 돌렸다. 그러나 치료사는 아이를 탓해서는 안 된다. 아이가 배우고 발전할 수 있도록 가르치는 것이 치료사의 역할이자 의무이기 때문이다.

나는 종종 데이터를 보면서 치료사들의 치료 방법에 대한 문제점을 발견하곤 한다. 치료사가 잘못된 방법으로 아이를 가르치고 있다면 수정할 방법도 데이터를 통해 알아낸다. 그렇게 치료사의 잘못된 방법을 수정하면 아이가 배우는 속도가 한결 빨라진다.

　치료사가 치료를 제대로 하는지 살펴볼 때도 데이터부터 확인한다. 먼저 데이터를 검토한 후 치료사가 실제로 가르치는 모습을 관찰한다. 데이터가 정확한지 확인한 후 치료사가 세션에서 실제로 어떻게 가르치는지 확인하는 것이다. 데이터와 치료사의 세션 두 가지를 모두 검토해야 치료사에게 정확한 피드백을 줄 수 있다. 정확한 피드백은 치료사의 실력 향상에 매우 중요하다. 반면에 치료사가 딱히 잘못하는 것이 없는데도 아이가 특정 기술을 배우는 데 어려움을 겪는다면 그 원인도 파악해야 한다. 원인을 파악한 다음 가르치는 방법을 어떻게 수정할지 고민해야 한다. 무엇보다 아이가 쉽게 배울 수 있도록 치료 방법을 바꿔야 한다. 이 작업에서도 기록된 데이터가 중요한 역할을 한다.

　전문가에게 정확한 데이터 기록은 치료 과정의 일부분이다. 평생 치료 기술 향상에 매달려야 하기에 모든 데이터를 기록으로 남겨야 한다. 그러나 부모는 평생 치료에 매달리지 않아도 된다. 따라서 모든 데이터를 기록할 필요가 없다. 전문가의 데이터 기록보다 훨씬, 훨씬, 훨씬 더 느슨하게 해도 된다. 꼭 필요한 내용만 기록하고, 치료 방법을 결정할 때 참고할 내용 위주로 기록하는 게 좋다.

사람이 바쁘게 살다 보면 약속이나 일정을 잊는 경우가 종종 있다. 다른 사람은 어떤지 모르겠지만, 나는 어제 점심 식사로 무엇을 먹었는지조차 기억 못 할 때가 많다. 마찬가지로 아이를 가르칠 때도 아이가 무엇을 할 줄 알고, 무엇을 할 줄 모르는지 쉽게 잊는다. 너무 바쁜 나머지 진행할 프로그램을 깜빡 잊어버리기도 한다. 이때 필요한 것이 데이터다. 기록한 데이터를 보면 무엇을 진행해야 할지 바로 알 수 있기 때문이다.

데이터 기록이 얼마나 중요한지 간단한 예를 들어보자. 당신은 식사를 준비하다가 음식 재료가 떨어진 것을 알고, '내일 마트에 가서 사야지'라고 생각한 적이 있을 것이다. 그런데 정작 마트에 가서 엉뚱한 물건만 사서 집에 돌아와 식재료 사는 것을 깜빡했음을 뒤늦게 깨달은 적이 있을 것이다. 가정에서 ABA 치료를 진행할 때도 비슷하다. 아이를 치료하는 부모라면 진행할 과제가 무엇인지 대충 알 것이다.

그러나 막상 치료를 시작하면 해야 할 과제들은 전혀 기억하지 못하고 엉뚱한 치료에 매달리는 경우가 많다. 밤에 잠자리에 들고 나서야 진행하지 않은 프로그램이 생각나 후회

하게 된다. 기록하지 않는다면 비슷한 비극이 반복될 것이다. 이를 방지하려면 치료 과정을 항상 기록으로 남겨야 한다.

　때로는 치료 시간에 무엇을 먼저 해야 하는지 우선순위가 분명하지 않을 때가 있다. 그때마다 아이의 문제행동을 찾아 전부 종이에 적어 정리한다. 그런 다음 가장 심각한 문제행동부터 덜 심각한 문제행동까지 순서를 매긴다. 이렇게 정리한 목록을 보면서 가장 심한 문제행동부터 하나씩 소거해 나간다. 이 과정도 머릿속으로만 생각해 두면 쉽게 잊어버린다. 정리한 것을 기록해 두어야 당장 아이를 위해 무엇을 해야 할지 더 명확해진다. 또 정리한 내용을 확인하면서 치료의 우선순위를 정할 수 있다.

　아이를 가르칠 때 부모가 반드시 알아야 할 내용이 있다. 아이가 알고 있는 것과 모르는 것이 무엇인지 정확히 파악하는 것이다. 내가 담당했던 아이들은 하나같이 무능한 척했다. 혼자서는 아무것도 못 하는 척하는 데 정말 능숙했다. 그래야 주변 사람들이 모든 것을 대신 해주기 때문이었다. 사실 아이들 입장에서는 모든 프로그램 수행이 힘들다. 기술 습득이 어렵고 귀찮기에 울고불고 떼쓰는 문제행동으로 과제를 회피하려고 한다. 떼쓰는 행동으로 부모를 포기하게 만드는 게 더 쉽기 때문이다. 그런 아이를 보면서 부모는 '대체 왜 저럴까?'라는 생각이 들겠지만, 그만큼 아이가 생각하는 방식이 다르다는 것을 알아야 한다. 아이는 과제를 수행하는 것보다 장시간 울고불고하는 게 더 쉽다고 느낀다. 반면 자신을 통제하고, 새로운 기술을 배우고, 낯선 상황을 견디는 것을 어려워한다. 아이가 하고 싶은 대로 하게 내버려두면 아이는 혼자 할 수 있는 것도 항상 모르쇠로 일관한다. 그러므로 아이의 거짓 태도에 속지 않으려면 부모는 아이가 할 수 있는 것과 할 수 없는 것을 정확히 알아야 한다. 이것을 제대로 알기 위해서도 데이터가 필요하다.

그렇다면 데이터는 얼마큼 기록하는 게 좋을까? 아이와 관련된 결정에 도움을 얻으려면 정확히 무엇을 얼마나 세부적으로 알아야 할까? 아쉽게도 이 질문에 정확한 답을 줄 수는 없다. 모든 아이와 가족의 상황이 제각각 다르기 때문이다. 또 부모에게 어떤 정보가 왜 필요한지에 따라 데이터 기록도 달라진다. 데이터는 필요에 따라 아주 자세하게 혹은 아주 간단하게 작성한다. 중요한 것은 '데이터를 기록하는 목적이 무엇인가'이다. 이 데이터가 무엇에 도움이 되고, 기록하는 이유가 무엇인지 항상 고려해야 한다. 중재가 효과적인지를 판단하기 위해 데이터를 기록했다면 부모는 데이터를 보면서 필요한 정보를 얻게 될 것이다.

여기서 강조하고 싶은 내용이 있다. 데이터는 당신을 돕는 도구여야 한다는 사실이다. 단순히 '기록하는데' 그치는 것이 아니라 실제 쓰임새가 있어야 한다. 이게 무슨 말인지 한 회사에서 있었던 일화를 소개하겠다.

선임이 신입 직원에게 특정 서류 작성법을 가르치고 있었다. 이 서류에는 빈칸이 하나 있었는데 그 누구도 빈칸의 용도를 알지 못했다. 오래전부터 복사해 사용해 오던 양식이다 보니 시간이 흐르면서 빈칸의 쓰임새를 완전히 잊어버린 것이다. 어쩔 수 없이 선임은 신입 직원에게 "여기에는 그냥 0만 쓰세요. 지금껏 그래왔어요"라고 했다. 이유도 없이 그냥 0을 기록하라고 한 것이다.

그로부터 얼마 후 회사가 회계 감사를 받으며 이전 기록을 찾아보게 되었다. 그 과정에서 회사에서 사용하던 서류 양식이 2차 세계대전 때 만들어진 사실을 알게 되었다. 전쟁 중에 공습이 있을 때마다 사이렌 경보가 울렸는데, 그날 발생한 공습 횟수를 기록하기 위해 양식에 빈칸을 만든 것이었다.

이 사실을 몰랐던 직원들은 빈칸을 0으로 채우는 무의미한 데이터 기록을 반복하고 있었다. 전쟁 당시에는 중요한 기록이었지만, 시간이 흐르면서 쓸모가 없어진 것을 전혀 모르고 있었다.

부모가 데이터를 기록할 때도 데이터의 가치를 판단하지 않으면 비슷한 실수를 한다. 비슷한 오류를 범하지 않도록 유용한 데이터만 기록해야 한다. 아무 목적도 없이 데이터를 모으지 말고, 아이 치료에 어떤 도움이 될지 판단하며 데이터를 기록해야 한다. 우리 회사에서 기록하는 데이터 중 하나를 예를 들어보겠다.

위의 그림은 아이에게 '안녕, 밥!'(Hi, Bob!) 같은 인사법을

가르칠 때 사용하는 아주 일반적인 유형의 플러스-마이너스-체크 데이터 기록 시스템이다. 플러스 표시는 아이가 상대 이름을 포함해 인사와 눈 맞춤을 했다는 뜻이다. 인사할 때 상대 이름까지 말하게 하는 것은 아이의 수준에 따라 다

르게 적용한다. 발음이 가능한 아이의 경우 상대 이름까지 말하게 하지만, 그렇지 않은 아이는 '안녕!'과 눈 맞춤만 성공해도 플러스로 기록한다. 둘 중 하나만 성공했을 때는 체크 표시를 한다. 체크 표시는 아이가 눈 맞춤은 했으나 인사를 안 하거나, 인사는 했으나 눈 맞춤을 안 한 경우다. 마이너스 표시는 아이가 인사와 눈 맞춤 둘 다 안 한 경우다.

처음에는 데이터 기록지에 마이너스 표시가 가득할 것이다. 그러나 시팅이 반복되는 동안 아이의 발전에 따라 마이너스 표시는 점점 줄어들고, 체크 표시는 늘어난다. 시간이 흐를수록 플러스는 더 많아지고, 체크는 줄어들며 마이너스는 사라진다.

플러스-마이너스-체크 데이터 기록 시스템은 아이가 얼마나 인사를 잘하는지 파악하기 위해 사용된 아주 기본적인 데이터 기록이다. 이렇게 데이터를 기록하다 보면 체크, 플러스, 마이너스 분포가 기록 시점부터 현재까지 어떻게 변해왔는지 알 수 있다.

기록지에 마이너스와 체크가 사라지고 플러스만 남으면 아이는 눈을 마주치며 인사하는 법을 완전히 배운 것이다. 기록으로 아이가 인사하는 방법을 익혔음을 확인한 후에는 새로운 프로그램을 시작하면 된다.

이처럼 기록은 아이의 학습 진행 과정을 한눈에 볼 수 있는 유용한 도구다. 아이를 가르칠 때 단순히 아이가 안다는 느낌만으로 다음 단계로 넘어가선 안 된다. 반드시 기록을 통해 아이가 배웠음을 정확히 확인한 후 다음 단계로 넘어가는 것이 안전하다. 흔히 ABA를 증거 기반의 중재법이라고 하는데, 증거에 기반한다는 것은 과학적인 검증을 통해서 그 효과와 유용성을 인정받았음을 의미한다. 따라서 ABA로 아이를 가르칠 때도 객관적 데이터인 기록을 토대로 행동 중재가 이루어져야 한다.

2장

기본 프로그램

1. 강화 샘플링

아이마다 성향이 다르므로 모든 아이에게 똑같은 방식으로 강화해선 안 된다. 나의 자녀들만 해도 성향이 완전히 다르다. 아들은 간지럼을 좋아하지만, 딸은 간지럼을 무척 싫어한다. 남매가 정반대인 셈이다. 아들은 어떤 행동을 하거나 성공했을 때 간지럼을 받으면 크게 강화 받는다. 그러나 딸에게 똑같은 방법을 사용한다면 간지럼 때문에 아이의 긍정적인 행동이 오히려 사라질 것이다.

이처럼 아이마다 선호하는 자극이 다르므로 아이의 성향을 제대로 파악하는 것이 중요하다. '아이들은 머리 쓰다듬어 주는 것을 좋아해'라고 단정 지어 무조건 같은 방법으로 강화하면 안 된다. 가르치는 아이의 호불호를 정확히 파악해야 하고, 아이가 좋아하는 것을 강화제로 사용하고 있는지 항상 점검해야 한다. 강화제는 아이 성향에 맞춰 구체적인 것을 사용해야 한다.

먼저 강화 샘플링으로 아이가 좋아하는 것을 찾아보자. 강화 샘플링은 아이가 다양한 것을 즐기도록 돕는 프로그램으로 아이에게 다양한 즐거움을 가르치는 것이 목적이다. 여기서 중요한 것은 다양화다. 아이가 상호 작용을 더 많이 하고, 다양한 환경을 즐기도록 하는 것이 목표다.

부모는 강화 샘플링으로 아이가 좋아하는 것을 계속 찾아낸다. 동시에 아이가 부모 지시를 따랐을 때는 아이가 좋아하는 것을 강화제로 활용한다. 이때 아이가 좋아하는 것과 좋아하지 않는 것을 짝지어 활용한다. 예를 들어, 언어 강화에 아무 감흥을 느끼지 못하는 아이가 있다고 해보자. 이런 아이에게 '정말 잘했어! 진짜 훌륭해!' 등의 칭찬을 해줘도 아이는 아무런 반응을 보이지 않을 것이다. 반면에 아이가 무언가를 잘할 때마다 젤리를 주며 '정말 잘했어! 젤리 줄게'라고 해주면 아이는 좋아하는 간식으로 인한 즐거움을 사회적 강화와 연결 짓는다.

여기서 반드시 알아둘 사항이 있다. 아이에게 주는 강화는 아이가 얼마나 잘했는지, 얼마나 노력했는지에 따라 달라야 한다. 아이가 쏟아부은 노력에 비례해 강화를 제공해야 한다. 아이가 최선을 다해 과제를 수행하려 한다거나 내내 실패했던 과제를 성공하거나 정반응을 보일 때도 최고의 강화를 주어야 한다. '네가 시도한 것 중 최고야!', '정말 잘했어!'라고 판단되면 아이가 가장 좋아하는 강화를 제공한다.

강화 샘플링 = 노출 + 둔감화

이제 강화에 초점을 맞춰 진행하는 강화 샘플링(reinforcement sampling)을 알아보자. 강화 샘플링은 말 그대로 아이가 경험하지 못한 감각, 물건, 활동 등에 노출하거나 둔감화해 아이에게 다양하고 폭넓은 즐거움을 제공하는 프로그램이다. 강화 샘플링은 ABA에서 가장 기본적이고 중요한 프로그램으로 모든 아이에게 적용한다. 또 치료를 시작할 때부터 마칠 때까지 계속 적용하는 프로그램이다.

강화 샘플링을 이해하려면 노출과 둔감화의 의미를 먼저 알아야 한다. 부모는 아이가 위험에 빠지거나 다치는 일이 없도록 안전하게 보호하려고 한다. 부모의 이런 경향은 아이가 즐길 만한 다양한 감각 및 활동에 참여할 기회를 차단한다. 다양한 감각 및 활동을 접하지 못하면 아이는 자기가 무엇을 좋아하고 싫어하는지 알 방법이 없다. 따라서 강화 샘플링의 첫 단계는 아이가 일상에서 경험한 적 없는 다양한 감각이나 활동을 접하는 것이다. 이것을 **노출**(exposure)이라고 한다.

강화 샘플링의 다음 단계는 **둔감화**(desensitization)다. 둔감화는 아이가 싫어하는 것을 반복적으로 노출해 결국 좋아하게 만드는 것이다. 내가 어렸을 때 어머니는 종종 인삼죽을 만들어 주셨다. 그때만 해도 나는 인삼죽을 몹시 싫어해 냄새 맡는 것조차 힘들어했다. 그러나 어른이 된 지금은 인삼죽을 찾아다니며 먹을 정도로 좋아하게 되었다. 싫어하는 음식도 반복해서 접하다 보니 음식의 맛을 알게 된 것이다. 이처럼 아이가 싫어하는 것을 조금씩 노출해 좋아하게 만드는 과정을 '둔감화'라고 한다.

일반적으로 자폐 아이는 누구의 간섭도 받지 않고 혼자 있는 것을 좋아한다. 다른 사람이 만지는 것을 싫어할 뿐만 아니라 환경이 바뀌어도 예민하게 반응한다. 이런 성향을 그대로 두면 아이는 당연히 즐겨야 할 신체접촉이나 환경의 변화에 예민하게 반응해 갈수록 상황이 악화된다. 장기적으로 아이가 행복해지려면 신체접촉을 받아들여야 한다. 이때 필요한 것이 둔감화다. 아이에게 신체접촉을 시도하고, 둔감화를 통해 아이가 신체접촉으로 인한 불편한 감각을 참을 수 있게 하는 것이다. 이 과정을 거치고 나면 아이는 신체접촉을 즐기게 될 것이다. 이것이 둔감화의 목표다.

강화 샘플링의 다음 목표는 아이의 강화를 다양화하는 것이다. 처음 ABA를 시작한 아이의 경우 동기 부여하기 좋은 강화가 한두 개에 불과하다. 강화가 너무 제한적이면 그중 하나만 없어져도 아이의 행복감이 줄어든다. 사람은 즐기는 것이 많을수록 행복함도 증가한다. 이것은 변하지 않는 절대 법칙이다. 일례로 나는 먹는 것을 좋아해 낯선 음식을 보면 맛을 봐야 직성이 풀린다. 어느 곳에 머물든지 다양한 음식만 있으면 행복하게 지낼 자신이 있다. 반면에 한정된 음식만 먹는 사람은 좋아하는 음식이 적기에 먹는 즐거움도 덜할 수밖에 없다. 아이들도 마찬가지다. 놀거리, 즐길 거리가 많아야 행복감도 높아진다.

따라서 아이를 행복하게 하려면 더 넓은 세계를 경험시켜

주어야 한다. 또 아이가 다양한 감각, 활동, 경험을 강화로 받아들이도록 이끌어야 한다.

강화 샘플링을 간단하게 설명하면 아이를 불러와 의자에 앉힌 후 아이가 즐거워하거나 웃게 할 다양한 활동을 시도하는 것이다. 안아 올리기, 안아서 빙글빙글 돌리기, 의자에 앉힌 채 의자 기울이기 등 크게 움직이는 신체활동을 모두 포함한다. 의자 기울이기를 하면 처음에 아이는 극도로 무서워하지만, 몇 번의 노출을 겪고 난 후에는 즐기는 모습을 보인다. 나중에는 더해 달라고 조르기까지 한다.

신체접촉의 둔감화를 위한 **심부압박**(deep pressure)도 유용한 강화다. 심부압박은 마사지처럼 강하고 길게 신체를 접촉하는 것을 말한다. 반대로 가벼운 접촉은 신체를 스치듯이 접촉하는 것이다. 강한 압박은 사람을 진정시키는 효과가 있고, 가벼운 접촉은 사람을 자극하는 효과가 있다. 지금까지 강화 샘플링을 진행한 결과 아이들은 심부압박을 굉장히 좋아했다.

반면 아이에게 심부압박을 정확하게 시도하는 치료사는 많지 않았다. 치료사들은 아이를 살짝 주무르는 정도로 압박하는 데 그쳤다. 아이를 안아주거나 압박할 때는 아이가 '앗'

소리를 내거나 등에서 '우두둑' 소리가 날 정도로 힘껏 안아주어야 한다. 그렇게 온 힘을 다해 안아주거나 압박하면 나중에 아이들은 심부압박을 상당히 즐기게 된다.

간지럽히기

가벼운 접촉은 심부압박과 정반대의 신체접촉이다. 접촉할 듯 말 듯 스치는 방식으로 아이를 자극하는 것이다. 간지럼 같은 신체접촉이 가벼운 접촉이다. 가벼운 접촉은 등(back)을 제외한 모든 신체에 자극 효과가 있다. 가벼운 신체접촉의 효과를 극대화하기 위해서는 기대감도 함께 사용한다. 예를 들어, 아이를 단순히 간지럽히기만 하는 게 아니라 '간다, 간다, 들어간다아~!' 같은 추임새를 넣으면서 기대치를 최대한 끌어올린 후에 접촉한다. 이렇게 하면 나중에는 간지럽히려는 시늉만 해도 아이는 '꺄악, 온다, 온다!'라고 기대감을 표하며 즐거워한다.

강화 샘플링에 주로 사용하는 감각 자극 행동은 간지럽히기다. 간지럽히는 게 쉬워 보여도 정확한 방법을 모르는 사람에게는 꽤 어려운 기술이다. 간지럽히는 기술도 제대로 익혀야 적절하게 사용할 수 있다. 이제부터 간지럽히기에 적합한 신체 부위를 살펴보자.

첫 번째 부위는 겨드랑이다. 겨드랑이를 살짝 간지럽히는 것만으로도 아이를 자극해 웃게 할 수 있다. 배도 모든 아이가 민감하게 반응하는 부위다. 가볍게 만져주기만 해도 아이로부터 반응을 끌어낼 수 있다. 또한 발바닥도 간지럼을 쉽게 타는 부위로 알려져 있다. 살살 간질이면 아이를 미소 짓게 할 수 있다.

목도 간지럼을 잘 타는 부위다. 손가락 하나로 목 주위를 살살 문지르면 곧바로 아이의 반응을 끌어낼 수 있다. 아이들은 쇄골 중간 부위도 (왜인지는 모르겠지만) 무척 간지러워한다. 손가락 세 개를 갖다 대고 살살 만져주면 아이들은 간지럼을 탄다. 무릎 혹은 무릎뼈 바로 윗부분을 간질이는 것도 좋아한다. 또 허벅지 안쪽도 민감한 부위여서 손가락으로 살살 간질이면 아이로부터 큰 반응을 얻을 수 있다.

목덜미도 간지럼에 민감한 부위다. 목 뒤를 손가락으로 가볍게 누르기만 해도 곧바로 아이의 반응이 나온다. 등 가운데도 민감한 부위가 있다. 어깨뼈 사이 중앙을 손가락 두 개로 눌러주면 마찬가지로 큰 반응을 얻을 수 있다. 이곳은 찾기 어려운 부위여서 약간의 연습이 필요하다. 하지만 정확한 지점을 찾아내기만 하면 모든 아이로부터 큰 반응을 끌어낼 수 있다. 무릎 뒤도 공략 지점이다. 무릎 뒤를 살살 간지럽히면 아이가 반응을 보일 것이다.

　앞에서 설명했듯이 내 자녀들은 간지럼에 대해 정반대의 반응을 보인다. 아들은 간지럼을 무척 좋아하지만, 딸은 아주 싫어한다. 내 딸처럼 간지럼을 싫어하는 아이에게는 계속 간지럼을 노출해 거부감을 없애야 한다. 아이가 간지럽히는 것을 거부하지 않으면 그때 간질이는 행위를 멈추면 된다. 여기서 목표는 아이가 간지럼을 당장 좋아하게 만드는 것이 아니다. 계속 노출해 아이가 신체접촉을 서서히 즐기게 하는 것이다.

2. 비언어적 의사소통

아이가 배워야 할 중요한 기술 중 하나는 자신이 원하는 것을 상대에게 전달하는 의사소통 방법이다. 자폐 아이의 가족은 일반적인 방법이 아닌 아이의 특유한 사인을 통해 아이가 원하는 것을 알아챈다. 이 같은 상황이 계속되면 아이는 가족들에게 제대로 된 의사소통 기술을 사용할 필요를 못느낀다. 가족들은 아이가 원하는 것을 바로 알아채기에 아이의 부족한 의사소통 기술에 신경 쓰지 않는다. 문제는 가족 외에 아무도 아이의 사인을 이해하지 못한다는 것이다.

이처럼 의사소통이 어려운 아이에게는 비언어적 의사소

통 기술을 가르쳐야 한다. 비언어적 의사소통 기술의 장점은 아이가 말하지 않고도 다른 사람에게 효과적으로 자기 의사를 전달하는 것이다. 내가 담당한 아이들은 치료 초기에 울며 떼쓰거나 다른 사람을 공격하는 문제행동으로 원하는 것을 얻어냈다. 이런 아이들에게는 예의 바른 방법으로 자기가 원하는 것을 얻는 법을 알려줘야 한다. 이때 필요한 것이 **긍정적 대체행동**(positive replacement behavior)이다. 긍정적 대체행동은 문제행동과 같은 기능과 용도를 갖지만, 사회적으로 적절한 행동을 취해 원하는 걸 얻는다는 차이점이 있다. 아이에게 문제행동을 대신할 기술(긍정적 대체행동)을 가르쳐주고 아이가 적절한 행동을 보일 때마다 강화를 준다. 동시에 아이가 문제행동으로 원하는 것을 얻으려고 하면 절대 받아주지 않는다. 대표적인 비언어적 의사소통 기술에는 포인팅, 예/아니오, 사진 교환이 있다.

포인팅

아이가 원하는 물건을 손가락으로 가리키는 것을 **포인팅**(pointing)이라고 한다. 포인팅은 가장 기본적인 몸짓으로 대표적인 비언어적 의사소통 기술이다. 자폐 아이들은 의사소통 능력이 떨어지므로 치료 초기에는 의사소통을 위해 주로 포인팅을 가르친다. 일반 아이들은 배우지 않아도 자연스럽게 포인팅을 구사하지만, 자폐 아이들은 배우지 않으면 포인팅을 사용할 줄 모른다. 포인팅을 사용할 줄 모르면 자기가 필요한 것을 타인에게 효과적으로 전달하지 못한다. 따라서 최소한의 의사 표현을 할 수 있도록 아이에게 포인팅을 가르쳐야 한다.

포인팅 기술은 어떻게 가르칠까? 포인팅 자체만 보면 쉬운 동작처럼 보여 가르치기 쉽다고 생각할 것이다. 그러나 막상 가르쳐 보면 그렇지 않다는 사실을 알게 된다. 아무리 기본적인 기술이라도 실제로 가르칠 때는 훨씬 복잡하고 정교한 과정을 거쳐야 하기 때문이다. 아이에게 포인팅을 가르칠 때는 무엇보다 정확한 자세를 알려줘야 한다. 포인팅의 정확한 방법은 검지를 곧게 펴고 다른 손가락은 단단히 주먹 쥐는 모양을 말한다.

포인팅에도 잘못된 자세가 있다. 대표적으로 손가락을 약간 아래로 구부리는 것이다. 많은 자폐 아이는 포인팅할 때 손가락을 구부정하게 편다. 또 손가락을 약간 바깥으로 구부리는 아이도 있고, 원하는 사물을 정확히 가리키지 못하는 아이도 있다. 내가 담당했던 아이들도 대부분 비슷했다. 처음에는 원하는 사물을 정확히 가리키지 못했다. 사물이 가까이 있을 때는 아이가 무엇을 가리키는지 알 수 있었지만, 사물이 멀어질수록 아이가 가리키는 것이 무엇인지 알기 어려웠다. 심지어 손가락이 아닌 손 전체로 사물을 가리키는 아이도 있었다. 손가락을 모두 편 채로 사물을 가리키면 아이가 무엇을 가리키는지 알기가 더 어렵다. 따라서 아이에게 포인팅을 가르칠 때는 정확한 자세를 취하게 하는 것이 중요하다.

포인팅 기술의 목적은 아이가 원하는 것을 사람들이 바로 알게 하는 것이다. 사람들이 아이 의도를 재빨리 알아채기 위해서는 아이의 포인팅 자세가 정확해야 한다. 정확한 포인팅 자세를 가르치려면 우선 사물과 가까운 곳에서 연습을 시작한다. 사물을 가리킬 때는 팔 전체를 똑바로 펴고 검지가 목표물의 정중앙을 향하게 한다.

처음 포인팅을 가르칠 때는 기다리기 프로그램과 마찬가지로 아이가 가장 좋아하는 간식을 두고 시작한다. 정확하게 포인팅을 하면 간식을 바로 강화물로 줄 수 있기 때문이다. 만약 아이가 젤리를 좋아한다면 포인팅의 목표물로 젤리를 사용한다. 젤리를 아이 앞에 놓을 때는 최소한 아이의 팔 길이만큼 떨어진 곳에 둔다. 그런 다음 아이에게 '어떤 거?' 혹은 '뭐 줄까?'라고 묻는다. 처음에는 아이가 사물을 가리키는 것만으로도 충분하지만, 나중에는 아이가 원하는 것을 말하는 것까지 이끌어야 한다.

아이에게 새로운 기술을 가르칠 때마다 항상 신경 써야 할 내용이 있다. 아이에게 충분한 도움을 주는 것이다. 부모가 '뭐 줄까?'라고 물어봤다면 아이가 원하는 것을 가리킬 때 충분한 도움(촉구)을 주어야 한다. 그렇지 않으면 아이는 시도할 때마다 실패할 것이고, 반복적으로 실패를 경험하면 배움의 욕구를 상실하게 된다. 또 배움이 어려운 아이는 더 낮은 단계부터 가르쳐야 한다. 만약 아이가 손가락으로 사물 가리키는 것을 어려워하면 신체 촉구로 포인팅 방법부터 정확히 가르친다. 지시 후에 아이 손을 잡아 정확한 포인팅 자세를 취하도록 도와주는 방식이다.

이렇게 신체 촉구로 아이의 포인팅 자세를 잡아주다가 1초 동안이라도 아이 혼자서 포인팅 자세를 유지하게 한다. 아이의 손가락을 정확하게 잡아도 손을 떼는 순간 곧바로 자세가 흐트러질 수 있다. 이때는 다시 신체 촉구를 주어 아이가 목표물을 정확히 가리키게 한다. 필요하면 몇 번이고 촉구를 주어 자세를 고쳐주는 일을 반복한다. 그러면 아이는 자기가 갖고 싶은 물건을 얻기 위해 가르친 대로 행동할 것이다.

일부 아이는 신체 촉구 없이 모델링으로 포인팅을 터득하기도 한다. 이런 아이에게는 부모가 시범을 보여주고 그대로 따라 하게 한다. 모델링의 첫 목표는 아이가 손가락을 똑바로 편 자세를 짧게라도 유지하는 것이다. 아이가 자세 유지에 성공하면 목표물인 간식을 강화제로 준다. 처음에는 아이가 포인팅을 이해하는 것이 중요하기에 아이에게 촉구를 준 후에도 강화제를 제공한다. 이 과정을 통해 아이는 자신이 원하는 물건을 예의 바르게 가리키면 해당 물건을 얻는다는 사실을 배울 것이다. 또 연습을 반복하는 동안 아이는 자신의 의사소통 도구로 포인팅을 사용할 것이다.

아이가 포인팅으로 받은 간식을 먹고 나면 목표 지점에 다시 간식을 놓는다. 간식은 방금 사용했던 젤리도 좋고, 다른 간식으로 바꾸어도 된다. 연습을 많이 하려면 간식을 작게 잘라 제공하는 게 효율적이다. 또한 시팅을 진행할 때마다 목표물의 위치도 바꾼다. 간식을 똑같은 위치에 두고 계속 연습하면 아이는 물건이 아닌 특정 위치를 가리키는 것으로 오해할 수 있기 때문이다. 특정 위치를 가리켜야 간식을 얻는다는 생각을 차단하기 위해 간식 두는 위치를 계속 바꿔가며 진행한다. 진행 방법은 이전과 똑같다. 아이에게 '뭐 줄까?'라고 묻고, 아이가 손가락으로 간식을 정확하게 가리키도록 촉구를 준다. 아이가 목표물을 정확히 가리키면 목표물인 간식을 곧바로 강화제로 준다. 아이 스스로 포인팅할 때까지 계속 연습하고 혼자서 해내면 가리킨 간식을 더 많이 주어 독립 수행을 강화한다.

예를 들어, 젤리 한 개를 테이블 위에 두고 연습한다고 해보자. 연습 과정에서 아이 스스로 포인팅을 성공하면 독립 수행을 강화하기 위해 테이블에 있는 수보다 많은 젤리를 추가로 제공한다. 아이가 도움 없이 (검지를 쭉 펴고, 주먹을 쥐고, 팔꿈치를 똑바로 펴는) 정확한 자세로 목표물을 가리킬 때까지 앞의 과정을 반복한다. 그렇게 해서 아이가 포인팅을 잘하면 다음 단계로 넘어간다.

다음 단계에서는 아이 앞에 두 개 이상의 물건을 놓은 후 아이가 포인팅으로 선택하는 법을 가르친다. 선택 요소가 포함된 모든 프로그램에서는 기본적으로 세 개의 물건을 준비한다. 물건을 배치한 후 아이가 세 개의 물건 중 원하는 하나를 고르게 한다. 배치할 물건은 아이가 가장 좋아하는 물건 하나와 그보다 덜 좋아하는 물건 두 개로 준비한다. 이렇게 세팅해야 아이가 가장 좋아하는 물건을 가리키도록 촉구를 줄 수 있다. 아이가 비슷하게 좋아하는 물건 세 개를 준비하면 포인팅할 때 아이가 진짜 원하는 게 아닌 엉뚱한 물건을 가리키도록 촉구를 줄 수 있다. 아이는 초콜릿을 원하는데 부모는 아이가 젤리를 원한다고 생각해 젤리를 가리키도록 촉구를 주면 효과적인 의사소통 방법으로 포인팅을 가르치려던 목적을 잃게 된다.

아이에게 '뭐 줄까?'라고 물은 후 아이가 원하는 물건을 정확히 가리키면 강화를 준 후에 반드시 물건의 위치를 바꾼다. 시도할 때마다 위치를 바꿔야 아이가 포인팅으로 의사소통을 제대로 하는지 파악할 수 있다. 테이블 위에 놓인 물건의 위치를 바꾼 후에는 다시 아이에게 '뭐 줄까?'라고 묻는다. 물건의 위치가 바뀌어도 아이는 계속해서 원하는 물건을 가리켜야 한다. 또 아이는 자기가 가리킨 물건을 원해야 한다. 만약 자기가 선택한 물건을 거부하고 다른 물건을 원한다면 아이는 포인팅의 쓰임을 제대로 이해하지 못한 것이다.

반복해서 말하지만, 포인팅에서 가장 중요한 것은 정확한 자세다. 정확한 자세는 (비뚤어지지 않고 빗나가지 않게) 곧게 뻗은 손가락, (느슨하지 않게) 단단히 쥔 남은 손가락, (구부리지 않고) 똑바로 편 팔, 목표물의 정중앙을 향해 전체적인 방향을 유지하는 것이다.

아이가 원하는 물건을 능숙하게 가리키면 이제 포인팅의 각도를 변경할 차례다. 지금까지는 아이가 앞에 놓인 사물을 좌우로 정확히 가리키도록 가르쳐왔다. 이제 아이가 위아래로 가리키는 법을 아는지 확인해야 한다. '설마 아이가 그걸 못 하겠어?'라고 생각할 수도 있지만 어떤 아이는 이것도 따로 배워야 실행할 수 있다. 아이에게 팔을 올리거나 내려서 원하는 물건을 정확히 가리키는 법을 가르치려면 칸이 여럿 있는 선반에 물건을 놓고 연습한다. 아이가 위아래로 포인팅하는 것을 배우고 나면 아이와 물건 사이의 거리를 늘려서 진행한다. 점점 거리를 벌려 아이가 방 건너편이나 넓은 공공장소에 있을 때도 어디를, 무엇을 가리키는지 정확히 알아야 한다.

멀리서도 아이가 사물을 정확히 가리킨다면 다음으로 다양한 상황에서도 포인팅을 구사하는지 확인해야 한다. 다양한 위치에 상품이 진열된 마트 같은 곳에서 확인이 가능할 것이다. 이 같은 과정을 거쳐 아이가 모든 환경과 상황에서 포인팅 기술을 활용한다면 아이가 자기 의사를 효과적으로 전달할 수 있다고 믿어도 된다.

정리하자면 포인팅 프로그램의 목표는 아이가 일상적인 상황에서 가족, 교사, 혹은 낯선 사람과 함께 있을 때도 포인팅을 사용해 자기 의사를 전달하는 것이다. 주의할 점은 포인팅 기술을 처음 가르칠 때는 아이가 포인팅을 완벽하게 하지 않아도 강화를 주어야 한다. 이후 아이의 포인팅 실력이 향상되면 아이 수준에 맞춰 강화도 서서히 줄여나가야 한다.

아이의 포인팅 사용에 버금가는 기술은 다른 사람의 포인팅을 이해하는 것이다. 아이는 포인팅으로 자기 의사를 전달할 뿐만 아니라 다른 사람의 의사도 이해해야 한다. 다른 사람의 포인팅을 보고 그 사람이 무엇을 가리키는지, 무엇을 말하는지 이해해야 한다. 물론 아이가 포인팅으로 자기 의사를 전달하지 못한다면 다른 사람의 포인팅을 이해하는 것은 애초부터 불가능하다. 그러므로 아이는 우선 포인팅 사용법을 배워야 하고, 그런 다음 다른 사람의 포인팅을 이해하는 기술까지 배워야 한다.

아이에게 다른 사람의 포인팅을 이해하는 법을 가르칠 때는 부모와 아이의 역할이 바뀐다. 이번에는 부모가 가까이 있는 물건을 가리키는 방식으로 연습을 시작한다. 물건은 멀리 두지 않고 팔 길이보다 조금 더 떨어진 곳에 둔다. 연습할 때는 세 개의 물건을 두고 부모가 그중 하나를 가리키면 아이는 부모가 가리킨 물건이 무엇인지 알려줘야 한다. 언어 사용이 가능한 아이는 사물 이름을 (물건이 물병이라면 '물병'이라고) 말하게 한다. 무발화 아이라면 가리키는 물건의 그림을 골라서 보여주게 한다.

부모가 가리키는 사물을 아이가 정확하게 알면 목표물을 더 멀리 두고 진행한다. 아이가 사물을 정확하게 알려주면 점점 더 거리를 벌려 나간다. 물건이 멀어져도 아이는 부모가 가리키는 것이 무엇인지 정확하게 식별해서 알려줘야 한다. 반복해서 연습하다 보면 일상에서 아이는 다른 사람의 포인팅을 정확히 이해할 것이다.

네/아니오

아이에게 두 번째로 가르칠 비언어적 의사소통 기술은 네/아니오다. 네/아니오는 기본적인 의사소통 기술로 아이는 비언어적 혹은 언어적 방식으로 표현할 수 있다. 여기서 비언어적이란 머리의 움직임만으로 네/아니오를 표현하는 방법을 말한다. 보통 우리가 알고 있는 것처럼 '네'는 고개를 끄덕이고, '아니오'는 고개를 가로저어 수용과 거절 의사를 표현한다. 아이에게 비언어적 방법을 가르치기 위한 첫 단계는 아이가 고개의 움직임을 모방하는 것이다. 고개를 위아래나 좌우로 움직여 자기가 무엇을 원하는지 타인에게 알리는 것이다.

네/아니오를 처음 가르칠 때는 주로 음식을 사용한다. 음식을 잘게 잘라 제공하면 여러 번 연습할 수 있고, 연습량이 많아지면 그만큼 실력도 빠르게 향상된다. 아이에게 음식을 제공한 후 곧바로 다음 연습을 시도할 수 있는 것도 큰 장점이다. 아이가 네/아니오로 답하면 부모는 답에 맞는 결과를 제공하고 바로 다음 과제를 진행할 수 있다.

네/아니오 프로그램에서는 '네'와 '아니오'를 분리해서 가르치는 것이 좋다. 둘을 동시에 가르치면 배우는 아이가 헷갈리기 때문이다. 먼저 '네'를 가르치는 과정을 살펴보자. 아이가 '네'를 배우기 위해서는 고개를 끄덕이는 동작이 가능해야 한다. 또 연습을 위해서는 아이가 아주 좋아하는 강화물을 준비해야 한다. 아이에게 강화물을 보여주면서 '이거 줄까?'라고 물어본 후 바로 아이가 고개를 끄덕이도록 신체 촉구를 준다.

몇몇 아이들에게는 가끔 **프라이밍**(priming)이라는 촉구를 주는데 프라이밍은 아이로부터 정반응을 얻어내려고 물어보기 전에 미리 연습하는 것을 말한다. 처음에는 아이에게 '따라 해!'라고 말하며 아이가 따라 하게 한다. 아이가 따라 하면 잘했다고 말해주고 다시 '따라 해'라는 지시부터 반복한다. 이 같은 과정을 반복하다가 아이가 진짜 좋아하는 것을 보여주며 '이거 줄까?'라고 물어본다. 물어본 후 부모는 곧바로 머리를 끄덕이며 아이가 동작을 따라 하게 한다. 간혹 프라이밍이 제대로 진행되지 않을 때가 있다. 그때는 부모가 직접 아이의 머리를 잡아서 움직이게 하는 신체 촉구를 주어야 한다.

아이가 평소 먹기 싫어하는 음식을 보고도 실수로 고개를 끄덕이는 긍정의 답을 하면 무조건 음식을 먹게 한다. 그렇게 해야 고개를 끄덕이는 행위가 '네'라는 답변임을 아이가 확실히 이해하기 때문이다. 아이가 도움을 받아 고개를 끄덕여도 약속된 강화물은 꼭 제공해야 한다. 고개를 끄떡이는 것이 '네'를 표현하는 동작임을 배울 때까지 반복해서 연습한다. '과자 먹고 싶어?', '장난감 가지고 놀래?' 같은 질문을 누가, 언제, 어디서 하든 아이는 바로 고개를 끄덕여 '네'라고 명확하게 대답하도록 한다.

이렇게 해서 '네'를 완벽하게 익혔다면 다음으로 '아니오'를 배울 차례다. '아니오'도 '네'를 표현하는 것과 같은 방식으로 연습한다. 다만 '아니오'는 '네'와 달리 고개를 가로젓는 연습이 필요하다. 이번에도 정반응을 끌어내기 위한 사전 반복 연습인 프라이밍을 실시한다. '아니오' 연습에서는 아이가 계속 고개를 가로젓게 해서 움직임을 몸에 배게 한다. 고개를 가로젓는 동작이 익숙해지면 질문을 던져 아이가 자동으로 고개를 가로저어 답하게 한다.

동작만 다를 뿐 '아니오'도 '네'처럼 음식으로 가르친다. 고개 젓기 동작을 배운 아이에게 평소 아이가 아주 싫어하는 간식을 제시한다. 아이가 좋아하는지 싫어하는지 모르는 음식은 미리 아이에게 노출해 확인한다. 다양한 음식을 준비해 하나씩 손끝에 묻혀 아이 입에 넣어서 맛보게 한다. 이렇게 확인을 거친 후 아이가 싫어하는 음식을 보여주며 '이거 줄까?'라고 물어본다. 질문 후 곧바로 '아니오'를 뜻하는 고개를 가로젓는 동작을 보여준다. 아이가 잘 따라 하면 거절한 음식은 보이지 않는 곳으로 치운다. 이런 방식으로 아이에게 '아니오'를 정확히 표현하는 법을 가르친다.

'아니오'를 제대로 연습하려면 아이가 싫어하는 음식(물건)을 5~7개 정도 준비해야 한다. 그렇게 해야 단조로운 반복 연습을 피할 수 있다. 또 아이가 양파나 마늘을 싫어한다고 해서 한 시팅에서 반복적으로 사용해선 안 된다. 부모가 제시한 음식을 아이가 원하지 않는다는 의사 표현을 하면 남은 시팅에서는 같은 음식을 다시 보여주지 않아야 한다. 아이가 거부한 음식을 치운 후 다른 음식을 사용해야 반복적으로 '아니오'를 연습할 수 있다. 이렇게 반복해서 연습하면 아이는 고개 젓는 '아니오'를 효과적으로 배울 것이다.

아이가 거부한 음식을 치우는 것은 '아니오' 연습뿐만 아니라 아이의 거부 의사를 존중한다는 뜻도 담겨 있다. 아이가 특정 음식을 보고 '아니오'라고 하면 해당 음식을 치우고 다른 음식을 제시한다. 이 과정에서 아이는 '내가 싫다고 하면 싫어하는 물건을 치워주네'라고 생각하며 존중받는 느낌을 받는다.

여기서 주의할 것이 있다. ABA로 아이를 일정 기간 치료하기 전까지는 네/아니오를 가르치지 않는 것이 낫다. 특히 '아니오'를 일찍 가르치면 일상생활에서 아이가 '아니오'를 너무 자주 사용하는 부작용이 나타난다. 치료 초기에는 부모가 통제권을 확립하는 것이 중요하다. 부모는 아이에게 조직의 보스 같은 존재가 되어야 한다. 반면에 아이는 부하처럼 무조건 부모 말을 따라야 한다. 이런 상황에서 '아니오'를 일찍 가르치면 아이의 통제권 확립에 방해가 된다. 따라서 '네'는 일찍 가르쳐도 되지만 '아니오'는 되도록 나중에 가르친다.

아이에게 거절을 가르칠 때는 (무엇이 됐든) 아이 선택을 존중해야 한다. 만약 아이에게 '이거 줄까?', '이거 할까?'라고 물어봤을 때 아이가 '아니오'라고 대답하면 부모는 무조건 아이 의견을 존중해야 한다. 부모의 태도를 보며 아이는 자기가 거절한 '아니오'가 빈말이 아님을 깨닫게 된다. 더 나아가 아이에게 네/아니오의 의미를 확실히 이해시키려면 아이가 실수로 대답을 잘못해도 그 결과를 끝까지 따르게 해야 한다. 아이가 좋아하는 물건을 보고 '아니오'라고 한 후 곧바로 '네'로 고쳐도 좋아하는 물건을 주면 안 된다. 자신의 대답이 얼마나 중요한지를 깨달아 질문에 집중해서 대답하도록 하기 위해서다. 마찬가지로 평소에 아이가 싫어하는 음식을 보고 고개를 끄덕였다면 아이에게 반드시 그 음식을 먹인다. 이 과정을 통해 아이는 싫어하는 것을 거절하는 법을 확실히 배울 것이다.

아이에게 고개 끄덕이기와 가로젓기로 네/아니오를 가르쳐서 둘 다 잘하게 되면 다음 단계로 넘어간다. 이번에는 아이에게 제시할 음식을 무작위로 섞어서 '이거 줄까?'라고 물어본 후 네/아니오로 답하게 한다. 음식이 바뀌어도 동일한 시팅 내에서는 동일한 질문으로 연습해야 한다. 이때도 아이가 싫어하는 음식을 보고 '네'라고 답했다면 그 음식은 반드시 먹게 한다. 반대로 아이가 무척 좋아하는 음식에 '아니오'라고 답했다면 해당 시팅뿐만 아니라 시팅 후에도 (대략 1시간 정도) 좋아하는 음식에 접근하지 못하게 한다. 어떤 상황에서든 일관성을 유지하는 것이 중요하다.

지금까지 비언어적 의사소통 기술인 네/아니오 가르치는 방법을 설명했다. 이제 언어적 의사소통 기술인 네/아니오 가르치는 방법을 알아보자. 일반적으로 비언어적 의사 표현을 가르치는 것이 언어적 의사 표현을 가르치는 것보다 더 복잡해 네/아니오를 가르칠 때는 더 많은 과정과 연습이 필요하다. 물론 가르치는 방식의 차이에도 불구하고 부모는 아이들에게 비언어적 네/아니오와 언어적 네/아니오를 모두 가르쳐야 한다. 일반적으로 아이는 두 가지 방법을 모두 사용하기 때문이다. 다만 가르칠 때는 언어 영역과 비언어 영역으로 나누어 가르쳐야 한다.

언어적 네/아니오를 가르칠 때 가장 중요한 요소는 아이의 발음과 성량이다. 아이가 말하는 네/아니오를 다른 사람이 쉽게 알아들을 수 있는지 확인해야 한다. 또 아이가 적절한 성량으로 말하는지도 살펴봐야 한다. 언어적 네/아니오를 가르치는 방법은 비언어적 방식과 동일하다. 다만 언어적 방법은 질문을 받은 아이가 고개를 움직여 의사를 표현하는 대신 누구나 알아들을 수 있을 만큼 정확하게 네/아니오로 답한다는 것이 유일한 차이점이다.

언어적 네/아니오를 연습할 때도 프라이밍을 한다. 프라이밍에서는 부모가 '따라 말해! 네'라고 하면 아이도 곧바로 '네'라고 대답하는 연습을 반복한다. 아이가 연속해서 성공하면 강화를 준 후 '이거 줄까?'라고 물은 뒤 곧바로 '네'라고 촉구를 준다. 아이가 부모를 따라서 '네'라고 대답하면 보여준 음식을 건넨다. 아이가 '네'라는 촉구를 받고 대답에 성공해도 음식을 주어야 한다. 만약 아이가 대답을 안 하면 제시한 음식을 주지 않는다. 해당 음식을 주지 않고 처음으로 돌아가 질문과 촉구 과정을 다시 진행한다.

네/아니오를 가르치는 시팅은 따로 진행한다. '네' 또는 '아니오' 중 하나만 가르치고 둘을 동시에 가르치지 않는다. 일반적으로 아이는 '아니오'보다 '네'를 잘하는 게 낫다. 그러므로 먼저 '네' 말하기를 연습하고, '네'를 잘하면 '아니오' 말하기 연습으로 나아간다. '아니오'를 가르칠 때도 '네'를 가르칠 때처럼 정확하고 뚜렷하게 발음하게 한다.

'아니오'를 연습하는 과정은 '네'를 연습하는 방법과 같다. 부모가 '따라 말해! 아니오' 하면 아이도 '아니오'라고 대답하는 과정을 반복한다. 반복적인 연습으로 아이가 연속해 '아니오'라고 말하면, 아이가 싫어하는 음식을 보여주며 '이거 줄까?'라고 물어본 후 곧바로 '아니오'라고 촉구를 준다. 아이가 정확히 '아니오'라고 따라 말하면 해당 음식을 치워서 아이가 '아니오' 뜻을 배우게 한다. 만약 아이가 싫어하는 음식에 '네'라고 하면 그 음식은 무조건 먹인다. 이 과정을 반복해서 설명하는 것은 그만큼 중요한 내용이기 때문이다.

아이가 싫어하는 음식에 '네'라고 답하고도 해당 음식을 먹지 않고, 좋아하는 음식에 '아니오'라고 답하고도 해당 음식을 먹는다고 생각해 보라. 아이는 '네, 그거 먹고 싶어요'와 '아니오, 그거 먹기 싫어요'의 뜻을 혼동할 수밖에 없다. 아이가 한 대답에 맞게 행동해야만 아이는 네/아니오의 뜻을 정확히 배울 수 있다. 아이가 두 가지 의미와 차이를 분명히 알게 하려면 대답에 맞는 행동을 반드시 완수(follow through)하게 해야 한다. 아이가 대답을 잘못하여 좋아하는 음식에 '아니오'라고 하면 절대 주지 말고, 아이가 싫어하는 음식에 '네'라고 하면 무조건 먹여야 한다.

마지막 단계에서는 '네'를 가르칠 때처럼 아이가 '아니오'를 맞게 사용하는 연습이 필요하다. 따로 가르친 '네'와 '아니오'를 한 시팅에서 무작위로 연습해 아이가 제대로 학습했는지 확인하는 과정이다. 네/아니오를 번갈아 대답하는 것이 아니라 무작위로 섞어서 아이가 정확하게 이해하고 있는지 확인한다. 이렇게 해서 아이가 네/아니오를 확실히 이해했다고 판단되면 실생활에 적용한다.

사진 교환

이번에는 의사소통 방법 중 **사진 교환** 기술을 알아보자. 사진 교환은 아이가 원하는 물건의 사진을 제시해 해당 물건을 받는 방법을 가르치는 기술이다. 사진 교환 기술은 다양한 방법으로 가르칠 수 있다. 사진과 그림을 모두 사용할 수 있지만, 그림보다는 사진을 사용하는 것이 낫다. 사진은 아이가 원하는 것을 명확히 보여주지만, 그림이나 아이콘은 의미 전달이 다소 부정확한 경우가 있기 때문이다. 아이 역시 그림보다 사진을 볼 때 실제 물건을 더 쉽게 떠올릴 수 있다. 그러므로 사진 교환 프로그램에서는 사물을 직관적으로 이해할 수 있는 사진을 사용하는 것이 유리하다.

사진은 아이가 집는 데 어려움을 겪지 않도록 충분한 크기의 사진을 준비한다. 사진을 코팅하여 뒷면에 벨크로 테이프를 붙여서 클립보드나 바인더에 보관하면 한결 관리가 수월하다. 사진 교환 프로그램도 처음에는 가능하면 음식 사진으로 시작한다. 아이가 음식 사진을 선택하는 순간 사진 속 음식으로 바로 강화를 줄 수 있기 때문이다.

사진 교환 프로그램의 첫 단계에서는 아이에게 교환하는 법을 알려준다. 교환하는 법을 가르쳐주지 않고 아이에게 사진을 보여주면 아이는 무엇을 해야 하는지 모르기 때문이다. 먼저 아이에게 그림을 쥐여 주고, 그 그림을 부모에게 넘겨주는 법을 가르친다. 그런 다음 사진에 있는 음식을 주는 방식으로 진행한다.

　처음에는 교환하는 법을 배우는 것이 목적이므로 음식 하나로 시작한다. 연습할 때마다 음식을 바꿔 사용할 수 있지만, 같은 시팅 내에서는 한 음식만 사용한다. 처음부터 다양한 옵션을 주면 아이가 선택에만 몰두하기 때문이다. 아이가 음식 사진을 집어서 부모에게 보여주고 음식을 얻는 교환 과정을 이해하는 것이 중요하다. 음식을 하나만 가지고 연습할 때는 해당 음식 사진을 매번 클립보드의 다른 위치로 옮겨 진행한다. 사진 위치가 계속 바뀌어야 아이도 주의를 기울여 사진을 집기 때문이다.

　종종 눈앞에 있는 사진을 구별하기 어려워하는 아이가 있다. 실제로는 사진 구별을 어려워하는 것이 아니라 사진에 주의를 기울이지 않는 것이다. 사진 개수를 늘리면 다 먹고 싶다고 하거나 다 먹기 싫다고 하는 아이도 있다. 선택지를 보지도 않고 답하는 아이가 있는가 하면 선택지가 모두 마음에 든다며 아무 카드나 집는 아이도 있다. 그런 경우에 대비해 선택지에 아이가 정말 싫어하는 음식 사진을 추가해야 한다. 아이가 싫어하는 마늘이나 양파 사진을 아이가 좋아하는 음식 사진과 섞는 것이다. 그런 다음 사진의 위치를 매번 바꿔놓는다. 그러면 원하는 음식 사진을 찾기 위해 아이는 좀 더 주의를 기울인다.

여기서도 잊지 말아야 할 내용이 있다. 네/아니오 연습처럼 아이가 사진을 잘못 선택해도 사진 속의 음식은 반드시 먹게 한다. 그렇게 해야 아이가 자기 의사를 표현할 때 좀 더 주의를 기울인다. 아이가 싫어하는 음식 사진을 선택했을 때 음식을 먹이지 않고 넘어가면 학습하는 목적이 사라진다. 의사소통 과정에서 아이는 주의를 기울이거나 신중할 필요를 못 느낀다. 사진 교환 기술을 전체적으로 한번 가르쳐준 후에는 아이가 일상생활에서 선택할 수 있는 음식을 계속 추가해 다양한 음식을 요구하게 한다.

사진 교환 기술은 말이 서툴거나 무발화 아이들이 일상에서 자기 의사를 전달하기 위한 의사소통법으로도 사용할 수 있다. 이 경우 사진 교환에 쓰일 선택지들은 아이가 쉽게 접근할 수 있는 위치에 두어야 한다. 사진이 항상 같은 장소에 있으면 아이는 소통하고 싶을 때마다 해당 장소로 가서 사진을 가져올 것이다. 처음에 아이 옆에 사진을 두고 교환법을 가르쳤다면 이후 아이와 사진 사이의 거리를 조금씩 벌려가야 한다. 먼저 사진과 가까운 곳에서 교환에 익숙하도록

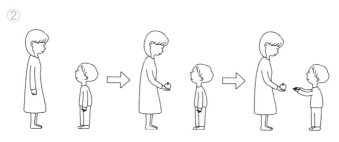

① 아이는 원하는 것이 있을 때 사진을 집어 부모에게 건넨다.

② 부모는 사진의 물건을 아이에게 준다.

연습한다. 아이가 교환에 익숙해지면 점차 사진으로부터 멀리 떨어진 곳에서 연습을 시작한다. 연습을 통해 아이는 사진 있는 곳에 가서 자기가 원하는 물건 사진을 집어 부모에게 건네고 원하는 물건과 교환할 것이다. 나중에는 집안 어느 곳에 있다가도 원하는 물건이 있으면 사진이 있는 곳으로 가서 원하는 사진을 가져와 부모에게 주고 물건으로 교환 받을 것이다. 아이가 사진 교환 시스템에 익숙해지면 아이에게 끈기 있게 요구하는 법을 가르쳐야 한다. 연습 방법은 다음과 같다. 아이가 원하는 물건의 사진을 가지고 와 부모에게 보여줘도 일부러 못 본 척하거나 못 들은 척한다. 이렇게 부모가 외면해도 아이가 포기하지 않고 부모의 손을 잡거나 끌어당겨 끈기 있게 자기 의사를 전달하도록 가르친다.

사진 교환 기술의 마지막 단계에서는 프로그램을 추가해 진행하는 것이 좋다. 아이가 사진을 가져오면 사진을 다시 아이에게 보여주며 음식 이름을 말해주는 노출 프로그램이다. 이 프로그램으로 아이의 말문이 트이면 사진 교환 없이 직접 음식 이름을 말하게 한다. 아이가 원하는 음식 이름을 말하며 요구하는 방식이다. 물론 사진 교환 프로그램을 시작할 때부터 음식 이름을 노출할 필요는 없다. 처음에는 바인더나 클립보드에서 사진을 가져와 부모에게 주는 법을 가르치는 것이 더 중요하기 때문이다. 이 교환 과정을 충분히 익힌 후에 음식 이름을 노출하는 프로그램을 추가하면 된다. 사진 교환 프로그램은 아이가 자기의 필요를 부모에게 요구하는 데 필요한 소통 능력 향상에 큰 도움이 될 것이다.

3. 지시 따르기

이리 와 프로그램

이리 와는 모든 아이에게 가르치는 프로그램으로 '이리 와'는 ABA에서 가장 기본적인 지시어다. 아이가 '이리 와'라는 간단한 지시조차 듣지 않는다면 더 복잡한 지시 따르기는 기대하기 어렵다. 이리 와 프로그램은 부모나 치료사가 가르치는 내용을 아이가 듣고 배우기 위한 준비 과정이다.

그동안 가르쳤던 아이들에게 항상 나타나는 문제가 있었다. 아이들이 다른 사람의 말을 듣고 싶을 때만 듣는다는 것이다. 자폐 아이들은 부모를 포함한 다른 사람의 말을 들어야 할 필요성을 못 느낀다. 부모 말을 들을 때도 순순히 지시를 따르기 위함이 아니다. 원하는 것이 있고, 원하는 것을 얻고자 할 때만 부모 말을 듣는다. 그러나 사람은 일상생활에서 자기가 원할 때만 일하는 사치를 부릴 수가 없다. 학교에 가서도 그날 무엇을, 어떤 방식으로 배울지 자기 마음대로 정할 수 없다. 정해진 일정에 따라 가르치는 사람이 요구하는 대로 배워야 한다. 그런 의미에서 '이리 와'는 자폐 아이에게 가르치는 첫 번째 요구사항인 셈이다.

이리 와 프로그램에는 두 가지 목표가 있다. 첫 번째는 아이가 '이리 와'라는 지시를 들었을 때 그게 무슨 말인지 정확히 이해하는 것이다. 두 번째는 아이가 '이리 와'라는 지시를 듣고 따르는 것이다. 위의 두 가지 목표가 실현되어야 아이가 일상생활에서 지시를 듣고 행동할 것이다.

이리 와 프로그램을 위해서는 다음과 같은 준비가 필요하다. 의자 두 개를 서로 마주 보게 가까이 두는 것이 기본 세팅이다. 세팅을 마친 후 아이를 한쪽 의자에 앉히고 부모는 맞은편 의자 옆에 서서 아이에게 '이리 와!'라고 한다. 그러면 아이는 부모 옆에 있는 의자로 얌전히 걸어가 앉아야 한다. 이 과정을 3~4번 반복하는 것이 프로그램의 전체 내용이다.

이리와 프로그램 예시

① 의자 두 개를 서로 마주 보게 가까이 둔다.

② 이리와!

아이를 한쪽 의자에 앉히고 부모는 반대편 의자 옆에서 '이리 와!'라고 한다.

③ 아이가 부모가 있는 의자로 걸어간다.

④ 잘했어!

아이가 부모가 있는 의자에 앉으면 강화를 준다.

'이리 와'를 한 번도 시도한 적이 없거나 아이가 말을 제대로 들은 적이 없다면 프로그램을 시작할 때 아이는 울고불고 떼쓰는 등의 문제행동을 보일 것이다. 아이는 지시를 내리는 부모로부터 도망치거나 드러누울 것이다. 또 이리 오라는 말을 못 들은 척하며 부모 지시를 따르지 않을 수도 있다. 심지어 부모를 붙잡고 매달리거나 심할 때는 발로 차고 때리기까지 한다. 이런 상황에서 부모가 반드시 지켜야 할 원칙이 있다. 아이의 모든 문제행동을 무시하고 지시를 끝까지 따르게 하는 것이다. 아이에게 '이리 와!'라고 한번 말했을 때 아이가 지시를 따르지 않으면 곧바로 아이를 데려와 맞은편 의자에 앉혀야 한다. 지시를 듣기 전에 아이가 무엇을 하고 있었는지는 중요하지 않다. 지시를 내리면 아이가 자리에서 일어나 다른 의자에 가서 앉도록 하는 것이 부모의 임무다.

아이가 부모 지시대로 움직였다면 반드시 그에 따른 강화를 주어야 한다. 여기서 강화란 칭찬 같은 말뿐만 아니라 간식이나 신체 자극 등 아이가 좋아하는 모든 것을 포함한다. 아이가 간지럼이나 안기는 것을 좋아한다면 아이가 지시를 따를 때마다 간지럽히거나 안아준다. 아이가 부모 지시에 따라 의자에 앉으면 맞은편 의자로 가서 같은 방식으로 '이리 와!'라고 지시한다. 이 과정을 반복하는 동안 아이가 지시를 잘 따르도록 계속해서 도와준다. 중요한 것은 지시를 내린 후 아이가 따를 때마다 강화를 주어야 한다는 점이다. 강화 제공은 이리 와 프로그램에서 절대 잊지 말아야 할 핵심 요소다.

이리 와 프로그램의 목표는 의자를 같은 거리에 두고 아이가 아무 도움 없이 '이리 와'를 연속해 성공하는 것이다. 그때까지 아무것도 바꾸지 말아야 한다. 의자 두 개를 놓고 한쪽 의자에서 아이에게 '이리 와!'라고 할 때마다 아이는 때와 장소를 가리지 않고 지시를 따라야 한다. 이 과정을 통과해야 프로그램의 다음 단계로 넘어갈 수 있다.

이리 와 프로그램을 처음 진행할 때는 목표 기준을 높여야 한다. 목표 기준이 높다는 것은 아이가 부모 지시에 적합하게 행동하는 것을 말한다. 가령, 아이가 '이리 와!' 지시를 받은 후 곧바로 오지 않거나 말하면서 천천히 움직이는 경우 오반응으로 간주한다. 부모는 아이가 '이리 와!' 지시를 받았을 때 어떻게 해야 하는지 아이에게 정확히 알려주어야 한다. 나중에 프로그램이 복잡해지면 아이의 반응도 조금씩 저하되므로 처음부터 기준을 높여 아이가 정확히 행동하도록 가르칠 필요가 있다.

여기서 확인할 내용이 한 가지 더 있다. 아이가 이리 오라는 지시를 들었을 때 지시에 따라 움직이는지 아니면 무의식적으로 움직이는지 살펴봐야 한다. 부모가 지시하기 전에 의자에 앉아 있던 아이가 무심코 다른 의자로 이동하는 것은 아닌지 자세히 봐야 한다. 아이가 무의식적으로 이동했다면 부모의 지시를 따른 게 아니다. 아이는 단지 프로그램의 절차를 따르는 데 익숙해졌을 뿐이다. 아이의 가장 이상적인 태도는 지시를 내리기 전까지 의자에서 기다리다가 '이리와!'라는 지시를 내리자마자 곧바로 움직이는 것이다.

아이가 지시에 따라 현재 거리를 일관되게 오간다면 다음 단계로 넘어간다. 다음 단계에서는 두 의자 사이의 거리를 넓힌다. 그다음 똑같이 이리 와 프로그램을 진행한다. 아이에게 '이리 와!'라고 지시했을 때 아이가 순순히 오면 부모는 강화를 준다. 만약 아이가 말을 듣지 않으면 앞서 한 것처럼 촉구를 준다. 아이가 새로 거리를 설정한 의자 사이를 부모의 도움 없이 이동할 때까지 연습한다.

아이가 문제행동 없이 계속해서 지시를 잘 따르면 프로그램 진도를 더 나간다. 아이가 방과 방 사이를 오가거나 집 안의 한쪽 끝에서 반대편까지 가로질러 오도록 의자 간격을 벌린다. 집이 넓어도 상관없다. 심지어 이 층 집이어도 문제 되지 않는다. 집안 어디에 있든 지시를 내리면 아이는 곧바로 와야 한다. 아이가 집 안 어디에 있든 이리 오라는 지시를 들으면 곧바로 실행하는 것이 이리 와 프로그램의 궁극적인 목표다. 만약 부모가 원하는 수준만큼 아이가 지시를 따르지 않으면 진도를 더 나가선 안 된다. 여기서 원하는 수준이란 아이가 저항 없이 적절한 시간 안에 걷거나 뛰어서 부모에게 오는 것이다.

다음 단계에서는 의자를 없애고 프로그램을 진행한다. 진도를 나가는 속도는 아이마다 다르다. 현 단계에서 아이의 지시 따르기가 제대로 되지 않으면 다음 단계로 넘어가선 안 된다. 의자는 둘 중 하나만 없애거나 두 개 다 없앨 수도 있다. 중요한 건 의자의 개수가 아니라 아이가 지시를 얼마나 잘 실행하느냐이다. 아직 의자가 필요하다고 판단되면 아이가 익숙해질 때까지 하나만 사용하다가 서서히 나머지 의자도 치우면 된다.

프로그램을 진행하면서 사람들이 가장 많이 하는 실수는 마음이 조급한 나머지 진도를 빠르게 나가려는 것이다. 그러면 아이는 준비되지 않은 상황에서 더 어려운 과제를 수행하게 되어 자꾸 실패하게 된다. 아이가 계속해서 과제 수행에 실패하면 결국 한두 단계 전으로 돌아가 다시 연습해야한다. 그런데도 부모들은 다시 돌아가기를 거부한다.

앞서 설명했듯 강화는 프로그램을 연습하는 내내 아이가 부모 지시를 따를 때마다 제공해야 한다. 처음 시도하는 어려운 프로그램을 해내거나 과제를 거부하던 아이가 지시를 따르면 마치 원하는 것을 다 해줄 것처럼 최고의 강화를 준다. 그러다 아이 반응이 좋아지면 강화 횟수와 강도를 서서히 줄여나간다. 그러나 강화를 줄여가는 중에도 종종 아이를 불러서 지시를 내리고 잘 따르면 무작위로 큰 강화를 준다. 평소에는 '잘했어, 가도 돼' 정도의 강화를 주다가 가끔 '우아, 정말 잘했어!'라고 외치며 큰 반응을 동반한 강화를 준다. 이렇게 하면 아이도 큰 강화가 불규칙적으로 온다는 사실을 깨닫는다. 언제 큰 강화를 받을지 모르니 아이는 시간이 지나도 계속 정반응을 보인다.

여기까지 이리 와 프로그램의 연습 과정을 요약하면, 첫째는 부모가 '이리 와!'라고 지시하면 아이가 와서 의자에 앉는 방식이고, 둘째는 의자를 치우고 진행하는 방식이다. 다음 단계에서는 일상생활에서 '이리 와'를 연습하는 방식이다. 예를 들면, 부엌에서 요리하다가 아이를 불러 지시를 따르게 하는 것이다. 아이를 불렀을 때 아이가 얌전히 오면 이전처럼 강화를 준다. 집에서 아이가 말을 잘 들으면 집 밖에서도 연습한다. 나중에는 마트나 공원 같은 공공장소에서도 '이리 와'를 연습한다.

 야외에서 '이리 와'를 연습할 때는 특별히 주의할 점이 있다. 다른 일을 병행해선 안 된다는 것이다. 예를 들어, 마트에서 '이리 와'를 연습할 때 물건 사는 일을 병행하면 안 된다. 마트 방문의 목적이 오직 '이리 와' 연습이어야 한다. 외부에서 이리 와 프로그램을 연습하는 목적은 단 하나다. 새로운 환경에서도 아이가 부모 말을 잘 들도록 하는 것이다. 마트에서 장보기를 병행하면 아이의 지시 따르기 연습과 뒤엉키면서 프로그램에 집중하기 어렵다. 그 와중에 아이가 문제행동이라도 일으키면 상황은 한층 더 어려워진다. 그렇게 되면 새로운 환경에서 지시 따르기를 확립하려던 본래 목표는 실패로 끝날 것이다.

 밖에서 '이리 와'를 연습할 때도 집안에서와 비슷한 과정을 거친다. 공공장소는 공간이 넓고 어수선해서 아이의 집중력도 흐트러질 수밖에 없다. 이런 상황을 고려해 밖에서 처음 '이리 와'를 연습할 때는 아이와 가까운 곳에서 시작한다. 아이가 말을 듣지 않을 때 곧바로 촉구를 줄 수 있기 때문이다. 오랜 경험에 비춰보면 밖에서 이리 와 프로그램을 진행할 정도로 집에서 지시 수행을 잘하면 부모들은 지나친 자신감에 사로잡혀 아이를 넓은 공원으로 데려간 후 멀리서 '이리 와!' 하고 지시를 내린다.

그렇지만 부모의 기대와 달리 아이는 말을 듣지 않을 가능성이 크다. 아이가 지시를 따르지 않으면 부모가 데려오고 싶어도 아이가 너무 멀리 있어서 곧바로 데려올 수가 없다. 자칫하면 아이를 잡으러 가는 술래잡기 놀이가 되어버린다. 이런 상황을 예방하기 위해 아이를 잡을 수 있는 거리에서 시작해야 한다. 또 아이가 지시를 따르지 않으면 곧바로 다가가 촉구를 주기 위해서라도 가까운 거리에서 시작해야 한다. 가까운 거리에서 아이가 지시를 잘 따르면 서서히 거리를 벌려 나간다. 이렇게 연습하다 보면 나중에는 야외 어디서 부르든 아이를 곧바로 오게 하는 지시 수행을 확립할 수 있다.

이리 와 프로그램을 통해 지시 따르기가 확립되었다면 마지막 단계에서 점검할 내용이 있다. 평소에 지시를 잘 따르는 아이가 지시를 따르지 않는 특수한 상황이 있는지 확인해야 한다. 예를 들어, 아이가 평소에는 말을 잘 듣다가 좋아하던 장난감을 가지고 놀거나 스마트폰에 정신이 팔려있을 때 유독 말을 듣지 않을 수 있다. 이런 상황에서는 별도의 '이리 와' 연습이 필요하다. 먼저 아이가 좋아하는 장난감을 가지고 놀게 한 후 아이 가까이서 이리 오라고 지시한다. 이때 아이가 장난감을 가지고 노느라 지시를 따르지 않는다면 곧바로 아이의 놀이를 중단시키고 의자로 오도록 촉구를 준다. 이렇게 해서 아이가 의자에 앉으면 큰 강화를 주어야 한다. 이 연습을 반복하다 보면 아이는 부모가 부를 때마다 하던 놀이를 멈추고 곧바로 올 것이다. 당연히 그 과정에서 문제 행동도 나타나지 않을 것이다.

지금까지 이리 와 프로그램의 전체적인 진행 방식을 설명했다. 앞서 설명한 과정을 단계에 맞춰 꾸준히 연습하면 아이는 점점 더 지시를 잘 수행할 것이다. 마지막 단계까지 진도를 나가면 어떤 상황에서든 아이는 지시를 따를 것이다. 아이가 지시를 따르지 않는 특별한 상황을 맞닥뜨리면 제대로 지시를 따를 때까지 따로 연습을 진행하면 된다.

그러나 프로그램의 진행 방식을 알고 있어도 부모가 제대로 실행하지 않으면 소용이 없다. 이리 와 프로그램을 진행하는 부모들이 흔히 하는 실수를 몇 가지 소개하겠다. 먼저 많은 부모가 이리 오라는 말만 반복한다는 점을 지적하고 싶다. 이리 오라고 말했을 때 아이가 듣지 않는데도 계속 말만 하는 부모들이 있다. 우두커니 서서 '이리 와! 이리 와! 이리 와! 어서. 어서. 이리 와!'라고 말만 한다. 말만 하는 것은 지시를 따르지 않는 아이에게 아무 효과도 없는 무의미한 행위다. 아이가 지시를 따르지 않는다면 말이 아니라 아이가 움직이도록 곧바로 촉구를 주어야 한다.

부모들이 흔히 하는 또 다른 실수는 지시를 따른 아이에게 충분한 강화를 주지 않는 것이다. 심지어 아이의 지시 수행을 당연하게 여겨 아예 강화를 주지 않는 부모도 있다. 그러나 '이리 와' 연습 초기에는 큰 강화를 자주 주어야 한다. 큰 강화는 처음 지시 따르기를 배우는 아이에게 강력한 동기를 제공하기 때문이다. 지시를 따를 때마다 아이에게 강화를 주면 아이는 강화를 받고 싶어서 계속 지시를 따를 것이다.

이렇게 해서 아이가 지시를 잘 따르면 제공하는 강화의 양을 점점 줄이고 강화의 수준도 낮춘다. 대신 프로그램을 진행하는 동안 가끔 큰 강화를 제공한다. 그러면 아이는 큰 강화를 받고 싶어서 계속해서 지시를 잘 따를 것이다.

다음으로 부모들이 자주 하는 실수는 아이에게 충분한 도움을 주지 않는 것이다. 부모들은 아이가 무엇을 해야 하는지 잘 안다고 생각한다. 지시를 내리면 아이가 곧바로 실행할 것으로 믿어 아무 도움도 주지 않는다. 지시를 내렸는데도 아이가 말을 안 들으면 '전에는 잘 왔는데 왜 저러지?'라고 생각하며 잠시 기다려준다. 그러나 아이가 말을 듣지 않으면 기다리는 대신 아이가 무조건 오도록 촉구를 주어야 한다. 촉구를 주어서라도 오게 해야 다음에도 지시를 따른다.

끝으로 부모들이 극복해야 할 가장 큰 문제점을 설명하고 마치겠다. 많은 부모가 자녀에게서 나타나는 문제행동을 두려워한다. 아이가 문제행동을 보이면 당황해서 아이의 눈치를 보며 휘둘리는 부모들이 많다.

여러분이 이 책에서 꼭 배웠으면 하는 한 가지는 자녀의 어떤 문제행동도 두려워하지 말라는 것이다. 아이의 문제행동을 두려워하는 것은 아이에게 통제권을 넘겨주는 것과 같다. 자녀에게 그런 힘을 부여하면 절대로 아이의 문제행동을 중재할 수 없다. 따라서 자녀가 어떤 문제행동을 보여도 절대로 두려워하지 말아야 한다.

수용지시 프로그램

수용지시(Receptive Instruction)는 처음부터 모든 아이를 대상으로 진행하는 핵심 프로그램이다. 모든 아이를 대상으로 하는 것은 수용지시가 그만큼 중요한 기술이기 때문이다. 이 프로그램의 목표는 아이가 부모의 지시를 따르도록 가르치는 것이다. 프로그램을 진행할 때 아이의 기능 수준이나 나이는 중요하지 않다. 아이가 지시를 이해했는지도 중요하지 않다. 지시를 듣고 따르는 것이 중요하다.

일반적으로 자폐 아이들은 애초부터 부모의 (지시가 복잡하든 쉽든 상관없이) 지시를 따르지 않으므로 아이가 지시를 이해할 만큼 고기능인지는 중요하지 않다. 지시 내용을 이해하는 것보다 지시한 대로 움직이는 수용성이 더 중요하다. 수용성을 갖춘 아이만이 부모의 지시를 따르기 때문이다.

시작 단계에서는 박수 쳐, 노크해, 발 굴러, 점프해 같은 단순하고 기본적인 지시부터 가르친다. 처음부터 아이에게 복잡하고 어려운 지시를 하면 안 된다. '박수 쳐'나 '코 만져' 같은 쉬운 지시를 따르지 않는 아이가 복잡하고 어려운 지시를 따를 리가 없기 때문이다. 가장 쉬운 지시부터 시작해야 아이가 쉽게 지시를 따르면서 점점 수용성을 갖춘다.

이론편에서 소개한 것처럼 ABA 교수법은 크게 두 가지가 있다. 개별연속시도 교수법(DTT)과 비수반적 교수법(NCT)이다. 수용지시 프로그램을 진행할 때는 개별연속시도 교수법을 사용한다. 개별연속시도 교수법에서는 한 번에 하나씩 가르치는 것을 목표로 한다. 아이가 하나를 완전히 배울 때까지 그 하나에만 집중한다. 가르친 후에는 아이가 배운 내용을 계속 유지하고 있는지 확인한다. 또 아이가 배운 내용을 잊어버리지 않도록 숙달 항목을 반복해서 연습한다. 복습을 중단해 아이가 배운 기술을 잊어버리면 투자한 에너지와 시간도 사라지기 때문이다. 프로그램을 진행할 때는 처음 두 번은 습득 항목을 연습하고, 세 번째는 숙달 항목을 연습한다. 습득 항목이 얼마가 되든 세 번 중 한 번은 숙달 항목을 연습한다.

예를 들어, 수용지시 프로그램에서 아이가 '손 머리'를 배웠고, '박수 쳐'를 배우는 중이라고 해보자. 먼저 아이를 불러 '박수 쳐'를 연습한다. 잠시 후 '박수 쳐'를 다시 연습한다. 다음에는 아이를 불러 숙달 항목인 '손 머리'를 연습한다. 이때 습득 항목인 '박수 쳐'는 연습하지 않는다. 두 가지 과제를 섞어서 아이에게 가르치는 것이 아직은 이르기 때문이다. 중요한 것은 아이가 이미 배운 것을 잊어버리지 않도록 별도의 연습을 진행하는 것이다. '손 머리' 연습을 마치면 다시 습득 항목인 '박수 쳐'로 돌아가 두 번 연습한다. 이후에 숙달 항목인 '손 머리'를 또 연습한다. 두 번의 습득 항목 연습과 한 번의 숙달 항목 연습을 반복해서 진행한다.

새로운 과제를 시작할 때는 아이에게 반드시 도움을 주어야 한다. 처음부터 아이가 실패를 경험하지 않도록 하기 위해서다. 아이는 부모의 도움으로 성공과 함께 충분한 강화를 누려야 한다. 아이는 성공한 경험이 많을수록 더 집중해서 과제를 수행한다. 그런데도 아이에게 도움 주는 것이 얼마나 중요한지 깨닫지 못하는 부모들이 많다. 새로운 과제를 진행할 때는 반드시 촉구를 주어야 한다. 그러나 모든 촉구는 궁극적으로 소거되어야 한다. 부모의 도움 없이도 아이 스스로 과제를 성공적으로 수행하면 아이에게 주는 촉구도 서서히 줄여나간다. 연습을 통해 아이가 독립적으로 과제 수행에 성공(정반응)하면 곧바로 시팅을 끝낸다.

'박수 쳐'를 예로 들어 촉구 주는 방법을 살펴보자. 우선 아이를 불러 자리에 앉힌 후 '박수 쳐!'라고 지시한다. 지시와 함께 곧바로 아이 손을 잡아 박수 치게 해 과제 수행을 성공으로 이끈다. 촉구를 주어 아이가 박수 쳐도 반드시 강화를 주어야 한다. 아이가 '박수 쳐!'라는 지시를 듣고 아무 도움 없이 박수 칠 때까지 이 과정을 반복해서 연습한다. 연습을 통해 아이가 독립 수행에 성공하면 최고의 강화를 준 후 시팅을 마친다.

수용지시로 '박수 쳐'를 가르치는 초반에는 아이가 과제 수행에 성공하도록 도움을 준다고 했다. 사실 아이에게 무엇을 가르치든 처음에는 무조건 도움을 주어야 한다. 아이가 과제 수행에 성공하도록 이끌어야 하기 때문이다. 그러나 아이 스스로 정반응을 보이면 도움을 서서히 줄인다. 아이가 과제를 완전히 습득했다면 '박수 쳐!'라고 했을 때 지시받은 것을 독립적으로 수행할 수 있어야 한다. 첫 시도에서 독립적으로 지시를 수행해야 과제를 습득한 것으로 간주한다. 아이가 첫 시도에서 독립적으로 수행하면 '박수 쳐'는 숙달 항목으로 넘긴다.

아이가 한 가지 항목을 완전히 익히면 새로운 항목을 가르친다. 새로운 항목은 이전에 가르친 것과 완전히 달라야 한다. 일단 아이가 지시어를 쉽게 구별하도록 두 항목의 지시어 발음이 달라야 한다. 또 아이가 수행하는 과제 내용도 완전히 달라야 한다. 예를 들어, 첫 번째 항목이 손을 사용하는 지시어였다면 두 번째 항목은 발을 사용하는 지시어를 선택한다. 그러면 지시어의 발음도 다르고 지시를 수행할 때 사용하는 신체도 달라서 아이가 쉽게 구별할 수 있다. 그러므로 수용지시에서 지시어를 선택할 때는 최대한 정반대의 것을 선택해야 한다.

두 번째 항목의 지시어로 '발 굴러'를 선택했다고 해보자. 두 번째 지시어도 첫 번째 지시어를 가르칠 때와 마찬가지로 아이가 성공적으로 지시를 수행하도록 촉구를 준다. '발 굴러!'라고 지시한 후 곧바로 아이의 발을 잡아 구르게 한다. 이번에도 아이가 독립적으로 지시를 따를 때까지 필요한 도움을 제공한다. 아이가 조금씩 지시를 수행하게 되면 도움 주는 횟수를 줄여나간다. 아이가 부모의 도움 없이 독립적으로 지시를 수행하면 숙달 항목으로 간주한다.

두 번째 지시어를 가르치는 중에도 앞서 배운 항목인 '박수 쳐'를 틈틈이 연습해야 한다. 이미 배운 항목을 계속 유지하는 것도 중요하기 때문이다. 과제 진행 방식은 똑같다. 아이를 불러 '박수 쳐!'를 지시하고, 아이가 정반응을 보이면 '잘했어!'라고 강화를 준다. 배운 항목의 연습을 마치면 다시 습득 항목인 '발 굴러' 연습을 연달아 두 번 진행한다. 부모 도움 없이 아이가 '발 굴러'를 독립적으로 수행할 때까지 반복해서 연습한다. 누구의 도움도 받지 않고 아이가 첫 시도에 성공하면 '발 굴러'도 확실히 아는 것이다.

아이가 정확히 아는지 확인하기 위해서 두 개의 지시어를 섞어서 진행하는 방법도 있다. 이 방법은 '임의로 두 가지 지시를 해도 아이가 정확히 구별해 수행하는지' 확인하기 위한 것이다. 두 개의 지시어를 섞어서 진행해도 아이가 헷갈리지 않고 각각의 지시를 제대로 수행해야 두 지시어를 정확히 이해한 것으로 간주한다. 이때도 아이가 정반응을 보이면 '발 굴러'도 습득 항목으로 넘긴다. 이렇게 하면 아이가 습득한 항목은 두 개가 된다.

아이가 두 번째 항목까지 완벽하게 익히면 세 번째 항목을 선택해 진행한다. 세 번째 항목 역시 가르치는 과정은 똑같다. 아이가 성공할 때까지 최대한 도움을 주다가 아이 혼자서 지시 수행이 가능해지면 서서히 도움을 줄여나간다. 이번에도 아이가 독립적으로 지시를 수행하게 되면 앞서 배운 두 개의 항목과 섞어서 연습한다. 세 개의 지시어 중 임의로 하나를 골라 아이에게 지시를 내리는 방식으로 진행한다. 아이가 주어진 지시를 모두 성공적으로 수행하면 세 번째 항목도 습득한 것으로 간주한다. 세 번째 항목을 습득하면 네 번째 항목을 추가한다. 한 항목을 습득할 때마다 계속해서 새로운 항목을 추가해 가르친다. 새로운 항목을 가르치는 동안 기술 유지를 위해 이미 배운 항목을 틈틈이 연습하는 것도 잊지 말아야 한다.

만약 아이가 지시받은 후 부모에게 아주 약간의 도움(제안/제스처/눈치/힌트)이라도 요구하면 아직은 아이가 지시어를 완벽하게 배우지 못한 것이다. 지시어를 듣자마자 정확하고 군더더기 없이 수행해야 아이가 지시어를 습득한 것으로 간주한다. 지시 수행의 성공 기준은 항상 높게 유지하는 것이 중요하다. 지시어를 듣자마자 아이가 바로 수행해야 다음 지시어로 넘어갈 수 있다.

아이가 많은 지시어를 독립적으로 수행할 수 있다면 과제 수준을 한 단계 더 높인다. 한 번에 여러 개의 개별 지시를 묶어서 하는 것이다. 이것을 '두 연속 동작'(2-action chain)이라고 부른다. 아이가 습득한 지시어 중 두 개를 연속적으로 아이에게 요구하는 방식이다. 예를 들면, '박수 쳐!'와 '발 굴러!' 두 가지 지시어를 묶어서 '박수 치고 발 굴러!'라고 한 번에 지시를 내렸다고 해보자. 이때 아이는 부모가 지시를 내릴 때까지 기다렸다가 순서대로 정반응을 보여야 한다. 참고로 한 개의 지시를 가르칠 때 아이가 보여야 하는 정반응 동작이 딱 하나라면 '두 연속 동작'에 들어가기 전에 좀 더 복잡한 지시를 가르쳐도 된다. '불 꺼', '불 켜', '이거 쓰레기통에 버려'와 같은 조금 복잡한 지시어를 가르치는 것이다. 또 실행하기 어려운 행동에 사용되는 지시어가 단순하다면 그것을 연습해도 된다.

4. 인내심 키우기와 감정조절

기다리기

자폐 아이를 가르칠 때 큰 걸림돌 중 하나는 아이의 짧은 인내심이다. 아이는 원하는 것이 있으면 단 5초도 참지 못하고 떼를 쓴다. 원하는 걸 즉시 얻지 못하면 곧바로 문제행동을 보인다.

그러나 보통 사람이라면 일상에서 원하는 것을 바로 얻을 수 없다는 사실을 너무 잘 안다. 필요한 것을 얻으려면 어디서든 일정한 기다림이 필요하기 때문이다. 은행에 가면 대기표를 받고 자기 차례가 올 때까지 기다려야 한다. 병원 진료를 받을 때도 순서를 기다리고, 식당에서도 주문한 음식이 나올 때까지 기다린다.

이처럼 일상에서 원하는 것을 얻으려면 반드시 기다리는 시간이 필요하다. 만약 아이가 기다리는 법을 배운다면 부모의 일상생활은 한결 편해질 것이다. 기다리기는 인내심이 부족한 아이에게 기다리는 법을 가르치는 프로그램이다.

기다리기 프로그램을 진행하기 전에 미리 알아야 할 내용이 있다. 첫째, 기다리기를 가르칠 때는 타이머를 사용해선 안 된다. 얼마큼 기다릴지 아이에게 알려줄 필요가 없기 때문이다. 타이머의 기준은 절대적이다. 시간을 5분에 맞춰 놓으면 정확히 5분 뒤 알람이 울린다. 알람이 울리는 순간 아이는 원하는 것을 얻는다.

그러나 현실에서는 정확한 시간에 일이 진행되는 경우는 매우 드물다. 누군가 '15분만 기다려 달라'고 말했을 때 그 말이 단 1초의 오차도 없이 정확히 지켜질 수 있을까? 그것은 불가능하다. 오히려 일상에서는 한정 없이 기다려야 할 때가 수두룩하다. 기다리기 연습에 타이머를 사용하면 이 같은 일상의 상황을 반영하기 어렵다. 정해진 시간만 지나면 원하는 것을 얻을 수 있다는 잘못된 인식을 아이에게 심어줄 뿐이다. 그러므로 타이머의 알람이 아닌 부모의 '잘 기다렸어! 이제 먹어도 돼! 이제 가져도 돼!'라는 강화만이 기다리기가 끝났음을 알리는 신호가 되어야 한다.

둘째, 기다리기 프로그램을 처음 시작할 때는 음식을 아이템으로 사용하는 것이 좋다. 기다리기를 마치자마자 곧바로 강화제로 제공할 수 있기 때문이다. 연습 초기에는 기다리는 시간을 아주 짧게 한다. 기다리는 시간이 짧으면 연습 시간도 짧아 과제를 여러 번 시도할 수 있다. 시도 횟수가 많으면 강화제도 그만큼 많이 필요한데, 비스킷 같은 간식은 쪼개서 3~4번의 시팅을 진행할 수 있다. 아이가 잘 기다리면 곧바로 음식을 먹게 하는데, 먹는 시간도 짧아 바로 다음 프로그램으로 넘어갈 수 있다.

기다리기 연습에 사용할 음식은 바로 섭취할 수 있는 형태로 준비한다. 아이 혼자서 먹을 수 있도록 포장을 제거하고 손을 뻗으면 닿을 수 있는 거리에 둔다. 포장되지 않은 채로 가까이 두어야 아이를 유혹할 수 있다. 기다리기 연습으로 아이는 당장 먹고 싶은 충동을 억누르고 얌전히 기다리는 법을 배울 것이다. 음식을 보고도 잘 기다리면 다음 단계에서는 아이가 좋아하는 물건을 두고 기다리기를 연습한다. 이번에도 아이는 당장 갖고 싶은 마음을 억제하며 기다리는 법을 배울 것이다.

처음 기다리기를 연습할 때 어느 정도의 시간이 적당할까? 아이들의 인내심은 개인마다 다르지만, 대부분의 자폐 아이는 참을성이 없어서 아주 짧은 시간도 기다리지 못한다. 따라서 처음에는 1초부터 시작하는 것이 좋다. '기다려!'라고 지시한 후 속으로 1초를 센다. 아이가 1초 동안 얌전히 기다리면 '와, 잘했어! 먹어도 돼!'라고 말한다. 보통 30초까지는 머릿속으로 가늠하고 그 시간을 넘어가면 타이머를 사용한다. 앞서 설명했듯이 타이머를 사용해도 알람 기능은 제거한다. 타이머는 시간을 확인하기 위한 용도로 부모만 사용한다. 아이는 오직 부모 허락이 떨어져야 기다리기를 종료할 수 있다.

기다리기 연습은 아이가 얌전히 기다렸을 때 무엇을 얻을지 알려주는 것으로 시작한다. 이를테면 '여기 봐! 초콜릿이 있네'라고 말하며 보여주는 식이다. 원하는 걸 요청하거나 네/아니오로 의사표현을 할 수 있는 아이라면 초콜릿을 보여주며 '초콜릿 먹을래?'라고 물어본다. 아이가 '네'라고 대답하면 '기다려!'라고 말한 후 자연스럽게 기다리기 프로그램을 시작한다. 아이가 앞에 있는 음식을 얻으려면 부모가 허락할 때까지 얌전히 자리에 앉아 기다려야 한다. 아이는 기다리는 동안 울거나 짜증 내면 안 된다. 음식을 만지거나 집어서도 안 된다. 만약 아이가 음식을 만지거나 집어서 입에 넣으려 하면 아이에게 '아니'라고 말한 후 음식을 뺏어 처음부터 다시 시작한다.

부모가 말릴 틈도 없이 음식을 낚아채 입에 넣는 아이도 있다. 이렇게 행동이 빠른 아이를 가르칠 때는 더 철저히 대비해야 한다. 아이가 돌발 행동을 하면 바로 입안의 음식을 끄집어내 삼키지 못하게 한다. 그다음 아이에게 '아니'라고 말한 뒤 음식을 준비해 다시 시도한다. 처음 시작할 때처럼 음식을 보여주고 기다리라고 한 후 아이 앞에 놓는다. 아이가 기다릴 시간은 말해주지 않는다. 기다리는 시간은 부모가 결정하고 부모만 알아야 한다. 앞서 설명했듯이 기다리기의 최단 시간은 1초다. 인내심 없는 아이는 1초부터 시작한다. 속으로 '하나'를 센 후 아이에게 잘 기다렸다고 말한 후 음식을 먹게 한다.

아이에게 음식을 먹으라고 할 때도 주의할 사항이 있다. 부모가 음식을 아이 입에 직접 넣어주지 않는 것이다. 아이 스스로 먹어야 한다. 또 음식이 든 접시를 아이 가까이에 가져다줘도 안 된다. 아이가 직접 접시를 당겨서 음식을 먹어야 한다. 음식을 먹는 건 아이 스스로 해야 한다. 모든 행동을 아이 스스로 하도록 습관을 들이기 위해서다.

1초 기다리기에 성공하면 다음 단계에서는 시간을 늘린다. 이 과정에서 반드시 지켜야 할 원칙이 있다. 현재 도전 중인 시간을 잘 기다려야 다음 단계로 넘어갈 수 있다. 1초를 잘 기다려야 2초 기다리기로 넘어갈 수 있다. 처음에는 아이가 짧은 시간을 기다리는 것도 힘들어하므로 기다리는 시간은 한 번에 1초씩만 늘린다. 절대 서두르지 말고 천천히 기초를 다지는 게 중요하다. 기초를 탄탄하게 다진 아이는 나중에 15분, 20분, 30분도 거뜬히 기다린다. 그러므로 시작 단계에서는 욕심내지 말고 1초씩만 늘려가야 한다.

한 번에 늘리는 시간의 증가량은 기다리는 시간의 길이에 비례해 늘려간다. 아이가 30초 기다리기에 성공한다면 1초씩 늘리던 것을 5초씩 늘린다. 이때도 시간을 무조건 늘리면 안 된다. 30초 기다리기를 한 번 성공했다고 해서 곧바로 35초로 늘리는 것이 아니라 30초 기다리기를 연속 세 번 성공하고 이후로도 계속 성공하면 35초로 넘어간다. 아이가 2분까지 기다리게 되면 그 후로는 시간을 30초씩 늘려간다. 물론 이 모든 과정은 지침일 뿐 무조건 따라야 하는 철칙은 아니다. 프로그램의 기본적인 절차는 항상 아이의 개별적인 수준에 맞춰 조절해야 하기 때문이다.

앞서 아이는 기다리는 동안 딴짓하는 게 허락되지 않는다고 했다. 부모가 허락할 때까지 아이는 아무것도 하지 않은 채 그저 참고 기다려야 한다. 어쩌면 아이는 이 상황을 이해하지 못할 것이다. 따라서 처음 기다리기를 연습할 때는 아이에게 이 상황을 이해시키기 위한 노력이 필요하다. 그러나 아이에게 딴짓을 허용하지 않는 시간은 최대 2분까지다. 기다리는 시간이 2분을 넘어가면 아이가 다른 활동을 하며 시간을 보내는 것을 허용한다. 이때도 주의할 사항이 있다. 아이가 기다리면서 하는 활동의 즐거움이 기다림으로 얻게 될 강화의 즐거움보다 더 커선 안 된다. 기다리는 동안 아이가 너무 큰 즐거움을 누리면 기다리기 프로그램은 실패할 수 있다. 이 같은 결과를 예방하기 위해 기다리는 동안 아이가 태블릿 PC나 스마트폰 등을 사용하지 못하도록 해야 한다. 스마트폰을 활용하고 싶다면 기다려서 얻을 수 있는 강화물로 제공하는 편이 낫다.

기다리기를 처음 시작할 때 부모는 아이가 얌전히 기다리는 법을 배울 때까지 반드시 아이 옆에 붙어있어야 한다. 아이가 음식(물건)을 잡아채 먹으려 하면 즉시 막아야 하기 때문이다. 아이가 순식간에 음식을 입에 넣어도 삼키지 못하게 강제로라도 꺼낸다. 반복 연습을 통해 아이의 태도가 좋아지면 조금 거리를 둔 상태에서 프로그램을 진행한다. 기다리는 시간을 늘려도 아이가 잘 참으면 지켜보는 행동도 서서히 줄여나간다. 아이를 불러와 앉힌 후 기다리라고 하고 시선을 다른 데로 돌리거나 자리를 뜨는 척한다. 아이를 보지 않고 다른 곳에 주의를 기울이는 척한다. 물론 아이에게 신경 쓰지 않는 시늉만 할 뿐 아이가 무엇을 하는지 계속 곁눈으로 지켜봐야 한다.

부모가 자기에게 관심을 기울이지 않는다고 생각하도록 책 읽는 연기를 할 수도 있다. 이때도 아이가 얌전히 기다리는지 계속 주시해야 한다. 그 상황에서도 아이가 잘 기다리면 전략을 한 단계 더 높인다. 부모가 자기에게 주의를 기울이지 않는다고 믿게 만드는 것이다. 이제 아이로부터 완전히 등을 돌리고 앉는다. 이때 등을 돌린 상태에서도 아이가 음식(물건)을 잡는지 계속 신경 써야 한다. 아이가 여기까지 잘 따라오면 아이와의 거리를 더 두고 진행한다. 아이에게 기다리라고 말한 후 자리에서 일어나 조금 떨어진 장소로 이동한다. 아이와 멀어진 곳에서 부모가 무언가를 하는 (혹은 하는 척하는) 동안에도 아이는 얌전히 기다려야 한다. 아이가 이 단계에서도 잘 기다리면 거리를 더 늘린다. 나중에는 아이가 있는 자리에서 아주 멀리 떨어진 곳에서 프로그램을 진행한다.

부모가 멀리 떨어져 있어도 잘 기다리면 그동안 부모는 설거지 같은 집안일을 시도할 수도 있다. 물론 아이와 떨어져 있어도 아직은 같은 공간에 있어야 하고, 먹어도 된다는 지시를 내리기 전까지 아이는 무조건 기다려야 한다. 이 단계를 통과하면 아이가 기다리는 동안 부모가 다른 방으로 이동할 수도 있다. 부모가 다른 방에 있어도 아이가 기다릴 수 있도록 하기 위해서다.

여기까지 충분히 연습했다면 다음 단계에서는 아이템을 바꾼다. 아이가 음식뿐만 아니라 다른 물건을 앞에 두고도 기다릴 수 있도록 일반화를 시도한다. 즉, 음식을 기다리는 연습에 성공하면 아이가 좋아하는 장난감, 태블릿 PC, 스마트폰 등으로 프로그램을 진행한다. 더 나아가 아이가 기다리기 기술을 집 밖이나 다른 환경에서도 성공할 수 있는지 확인한다. 카페에서 아이가 좋아하는 음료를 시킨 후 기다리기를 연습할 수도 있다. 만약 아이가 특정 환경에서 기다리는 것을 어려워하면 집 안에 비슷한 상황을 연출해 충분히 연습시킨다.

끝으로 프로그램을 진행할 부모들이 반드시 알아야 할 내용이 있다. 이제까지 설명한 기다리기 프로그램의 진행 방식은 한 치의 오차도 없이 따라야 하는 철칙이 아니라 지침일 뿐이다. 기다리기를 가르칠 때는 아이 수준과 성향에 맞춰 진행한다. 기다리기뿐만 아니라 이 책에서 소개하는 모든 프로그램의 틀은 아이의 성장과 발전을 위해 얼마든 수정할 수 있고, 또 수정해야 한다.

불만 내성 키우기

자폐스펙트럼장애가 있는 아이는 일상에서 접하는 평범한 사물이나 소리에도 민감하게 반응할 때가 많다. 헤어드라이어, 청소기, 믹서기 같은 생활 소음이나 공공 화장실의 핸드 드라이어와 물 내리는 소리에도 예민하게 반응한다. 또 특정 질감이나 종류의 옷 입기를 거부하며 심지어 청바지를 안 입으려는 아이도 있다. 얼굴이나 몸에 물이 묻거나 옷 일부가 젖어도 예민하게 반응한다. 사람이 붐비는 시끄러운 장소에 가는 것을 싫어하는 아이도 있다. 아이마다 반응하는 대상은 다르지만, 기본적으로 특정 사물이나 상황에 예민하게 반응한다는 공통점이 있다. 이런 아이들은 특정 장소에 머물거나 특정 소리만 들어도 두려워하거나 짜증을 내기도 한다. 그뿐만 아니라 특정 장소에 가거나 특정 활동의 참여도 거부한다. 아이의 제한적인 활동은 아이뿐만 아니라 가족의 행복까지 해치고, 생산적인 삶도 어렵게 한다.

그러므로 자폐 아이에게는 자신을 고통스럽게 하는 특정 환경이나 대상을 참을 수 있는 능력이 필요하다. 이것을 **불만 내성**(frustration tolerance)이라고 한다. 불만 내성은 아이가 두려움을 이겨내고 불편함을 참아내는 능력이다. 불만 내성을 키워주면 아이는 특정 환경, 소리, 사물 등에 예민하게 반응하지 않는다. 불만 내성을 키우기 위해서는 **홍수법**(flooding)^{*} 과 **체계적 둔감화**(systematic desensitization)가 주로 사용된다. 이 두 가지는 자폐 아이뿐만 아니라 특정 상황을 두려워하는

---

* 홍수법(flooding)은 이름 그대로 홍수를 맞는 것처럼 공포의 경험을 한 번에 직면하는 방법으로 더 큰 공포를 마주함으로써 공포를 이겨내는 치료기법이다.

일반인에게도 적용할 수 있는 유용한 방법이다.

우선 '홍수법'은 두려움을 극복하는 다소 극단적인 방법이다. 홍수법은 말 그대로 아이가 가장 두려워하는 상황 및 대상을 반복해서 노출하는 방법이다. 사람이 강도 높은 공포를 경험하면 순간적으로 온몸이 경직되지만, 점차 그 상황에 적응하면서 두려움이 사라지는 원리를 적용한 것이다. 이 원리를 이용해 아이가 두려워하는 것을 일방적으로 노출한 후 그 상황으로부터 도망치지 못하게 하면 마침내 아이는 그 상황에 적응하게 된다.

예를 들어, 개를 굉장히 무서워하는 아이가 있다고 해보자. 홍수법은 아이가 개를 두려워하지 않을 때까지 오랜 시간 개들이 가득 찬 방에 아이를 두는 방식이다. 처음에는 아이가 큰 두려움을 느끼겠지만, 시간이 흐를수록 개가 위험하지 않다는 사실을 깨닫고 점차 두려움을 느끼지 않을 것이다. 홍수법은 두려움과 공포를 극복하는 데 효과가 있음에도 너무 극단적 방법이어서 자주 사용되지 않는다.

ABA에서 주로 사용하는 방법은 '체계적 둔감화'다. 체계적 둔감화를 위해서는 사전 작업이 필요하다. 먼저 아이가 두려워하는 대상을 정리한 후 덜 무서워하는 것부터 가장 두려워하는 것까지 순서대로 목록을 작성한다. 그다음 아이가 가장 덜 무서워하는 항목을 둔감해질 때까지 노출하면 된다. 반복된 노출로 아이가 첫 번째 항목을 두려워하지 않으면, 다음 항목을 노출한다. 이것도 익숙해져 아이가 두려워하지 않으면 다음 항목으로 단계를 계속 높여 나간다.

둔감화를 진행할 때는 불안이나 두려운 감정을 아이 스스로 추스르는 기술을 함께 가르친다. 구체적으로 심호흡, 점진적인 근육 이완 및 수축, 상상 기법 등의 대처 기술이다. 공포에 유난히 취약한 일부 아이들은 간식을 먹이며 진정시키기도 한다. 간식을 먹는 동안 행복 에너지가 생산돼 두려움을 잊을 수 있기 때문이다. 그러나 아이가 진짜 좋아하는 간식은 프로그램을 진행할 때는 사용하지 않는다. 두려움을 막아낼 정도의 힘만 얻으면 되기에 적당히 좋아하는 간식을 제공하는 것만으로도 충분하다.

아이에게 진정하는 기술을 가르친 후에는 실제 상황에 적용하는 법도 가르친다. 먼저 가장 낮은 강도의 공포에 노출한 후 아이 스스로 진정하도록 하며, 진정 과정에서 아이가 배운 기술 중 하나를 적용할 수 있게끔 돕는다. 아이가 두려움을 견딜 수 있게 되면 점점 공포의 강도를 높여 가장 무서

위하는 단계까지 수준을 올려 두려움을 견디게 한다.

진정 의자 사용법

어린아이는 스스로 진정하는 법을 모른다. 아이가 자신의 감정을 다스릴 줄 몰라서 항상 누군가에게 의존한다면 아이는 영원히 스스로 진정하는 법을 배우지 못할 것이다. 그렇다면 어떻게 아이에게 진정하는 법을 가르쳐 줄 수 있을까? **진정 의자**(calm-down chair)를 사용하는 방법이 있다. 진정 의자는 감정이 격해진 아이가 진정 공간에서 스스로 감정을 다스리는 법을 배우도록 고안한 방법이다

여기서 진정 의자는 특정한 의자를 가리키는 말이 아니라 집 안에 있는 평범한 의자라도 진정을 위해 사용하면 진정 의자가 된다. 그렇지만 진정 의자로 사용하기 위해서는 몇 가지 고려할 사항이 있다. 아이가 심하게 소리 지르고, 울부짖고, 반항하고, 몸부림치는 행동을 제어하기 위해 내구성이 좋아야 한다. 아이가 심하게 몸부림을 쳐도 버틸 정도의 무게감을 가진 튼튼한 의자를 사용해야 한다.

그동안의 경험에 비춰보면 가벼운 의자보다 튼튼한 의자를 사용할 때 아이가 진정하기에 훨씬 수월했다. 가벼운 의

자를 사용할 때는 아이가 발버둥 칠 때마다 의자가 속절없이 넘어가 아이를 통제하기 어려웠다. 아이와 씨름하는 상황에서 의자가 나뒹굴면 반항하는 아이를 중재하다 말고 의자를 정리하느라 아이를 놓칠 수도 있다. 이런 혼란이 발생하지 않도록 아이가 강하게 저항해도 쉽게 뒤집히지 않을 묵직하고 튼튼한 의자를 준비하는 게 좋다. 또 아이를 쉽게 앉힐 수 있도록 아이 키에 맞는 의자를 사용해야 한다. 아이가 앉았을 때 너무 작지도 크지도 않은 적당한 크기의 의자가 좋다.

진정 의자는 보통 두 가지 경우에 사용한다. 첫 번째는 아이가 혼자 시간을 보내다가 (무슨 이유로 그러는지 모르지만) 갑자기 울 때 사용한다. 아이가 울기 시작하면 장소를 마련해주고 그곳에서 마음껏 울게 한다. 이때 진정 의자는 아이가 실컷 울 수 있는 장소를 뜻한다.

부모는 '네가 원하는 만큼 울어도 괜찮아'라는 의도로 아이를 진정 의자에 앉힌다. 그 과정에서 아이가 의자에서 일어나려 하면 먼저 울음을 그쳐야 한다는 사실을 알려준다. 아이가 진정 의자에서 벗어날 수 있는 유일한 방법은 울음을 멈추는 것이다. 아무리 오랫동안 울고불고 난리를 쳐도 아이가 울음을 그치지 않으면 계속 의자에 앉혀둔다. 그런 다음 아이에게 '그래, 울고 싶은 만큼 울어!'라고 말하며 여유롭게 대처한다. 이것이 진정 의자를 사용할 때 부모가 취할 태도다.

두 번째로 아이가 지시를 따르면서도 울음을 그치지 않을 때 진정 의자를 사용한다. 아이를 가르칠 때 지시를 잘 따르고 정반응을 보인 후에도 울음을 멈추지 않고 계속 소리 지르거나 징징댈 때가 있다. 이때도 아이를 진정 의자에 앉힌다. 예를 들어, 부모가 '박수 쳐'를 지시했다고 해보자. 부모 지시대로 아이는 박수를 쳤다. 문제는 아이가 지시를 잘 따르면서도 울음을 멈추지 않고 울고불고 소리 지르며 떼쓰는 경우다.

이럴 때 부모는 말을 잘 들은 아이 행동에 대해 '정말 잘했어!'라고 강화를 준 뒤 아이와 시선이 마주치지 않도록 의자를 옆으로 (혹은 뒤로) 돌려서 앉는다. 이렇게 하는 이유는 '네가 지시를 따라서 시팅은 끝났지만 계속 울어서 의자에서 못 일어나는 거야'라는 사실을 아이에게 알려주기 위해서다. 실제로 아이가 울음을 멈출 때까지 의자에서 일어나지 못하게 한다. 아이가 과제를 잘 마친 것에 대해 강화를 주되 우는 행동은 그냥 넘기지 않고 멈출 때까지 자리에서 일어나지 못하게 한다.

아이가 자유시간을 갖는 중에 우는 일이 발생할 수도 있다. 사탕을 먹고 싶었는데 못 먹거나 장난감이 원하는 대로 움직이지 않아 울 수 있다. 그때마다 아이를 진정 의자에 앉힌다. 일단 진정 의자에 앉으면 아이는 울음을 그치기 전까지 자리에서 벗어날 수 없다. 지금까지 설명한 내용만 보면 진정 의자의 사용이 아주 쉬운 것 같지만, 막상 해보면 무척 어렵다는 것을 알게 될 것이다.

실제로 많은 부모가 '내 아이는 문제행동이 너무 많아서 그리 호락호락하지 않아요'라고 하소연한다. 재미있는 점은 부모들 대다수가 자기 아이의 문제행동이 가장 심각하다고 생각한다는 것이다. 자기 아이밖에 본 적이 없기에 그렇게 생각하는 경향이 있다. 그러나 부모들의 생각과 달리 세상에는 정말 다양한 문제행동을 가진 아이들이 있다. 그런 아이들을 접한다면 자기 아이의 문제행동이 생각보다 심하지 않다고 느낄 수도 있다. 중요한 것은 아무리 다루기 어렵고 힘든 아이라도 기술을 습득하기만 하면 부모가 충분히 제어할 수 있다는 것이다.

그렇다면 진정 의자를 처음 사용할 때 아이의 문제행동에 어떻게 대처해야 할까? 자폐가 있는 아이라면 부모의 지시를 처음부터 고분고분 따르는 경우는 거의 없다. 아무리 고기능 아이라도 부모가 지시를 내리면 일단 저항부터 시작할 것이다. 부모가 진정 의자에 앉히려 해도 바닥에 드러눕거나 도망치려는 거부 반응을 보일 것이다. 그때마다 부모는 아이를 다시 의자에 앉히면 된다. 아이가 바닥에 드러누우면 아이를 들어 의자에 앉히고, 도망가려 하면 막아선 후 붙잡아서 의자에 앉힌다.

아이가 바위같이 고집스럽게 문제행동을 보인다면 부모는 물처럼 대응해야 한다. 부모는 아이 행동에 흔들리지 말고 일관성을 가지고 대처해야 한다. 그러면 아이는 시간이 지날수록 '내가 무얼 해도 소용이 없구나! 난 무조건 저 의자에 앉아서 울어야 하는구나!'하고 자신의 처지를 받아들일 것이다.

만약 부모 혼자 감당하기 힘들 만큼 덩치 큰 아이가 발로 차고 주먹을 휘두르며 강하게 저항한다면 뒤로 물러서서 그냥 지켜보면 된다. 아이의 체력을 소진시키기 위해서다. 다만 부모는 일정한 거리를 유지한 채 아이를 지켜봐야 한다.

일반적으로 아이는 부모가 가까이 다가올수록 관심을 끌

기 위해 더 난리를 친다. 반대로 부모가 멀어지면 잠잠해진다. 아이가 극심한 문제행동을 보일 때는 아이의 힘을 빼야 부모에게 유리한 상황이 전개된다. 활동성이 강한 아이에 비해 나이 든 부모는 체력이 달려 아이를 상대하기 어렵기 때문이다. 따라서 부모는 아이와 적절한 거리를 유지해 아이의 에너지를 소진 시키는 동시에 쉬는 시간을 확보하는 노련한 전략을 구사해야 한다.

우선 아이와 신체가 닿지 않을 정도로만 접근한다. 부모가 다가오면 아이는 온몸으로 저항할 것이다. 바닥에 누워 팔다리를 휘두르거나 소리 지를 수도 있다. 이런 상황이 발생해도 아이를 달래지 말아야 한다. 아이 몸에 손대거나 관심도 주지 말고 힘이 빠지도록 그냥 둔다. 아이가 저항하며 힘을 소진하는 동안 부모는 그저 지켜보기만 한다. 그러다가 아이가 지쳐서 저항하는 강도가 약해지면 더 격하게 거부 반응을 일으키도록 유도한다. 아이의 격렬한 반항이 오랫동안 지속돼 아이의 체력도 빨리 고갈되기 때문이다.

아이가 어떤 포인트에서 격렬하게 저항하는지 안다면 그 방법을 이용하는 것도 좋은 전략이다. 그 방법을 모른다면 아이를 달래는 척하며 더 큰 분노를 유발하는 방법도 있다.

예를 들어 아이를 일으키려고 다가가는 시늉을 하는 것이다. 다만 시늉만 하고 아이 몸에 손을 대지는 않는다. 그 순간 아이는 바짝 독이 올라 분노를 쏟아낼 것이다. 그러면 부모는 다시 물러서서 아이가 잠잠해질 때까지 기다린다. 이렇게 불을 지폈다 식히기를 반복하다 보면 아이의 힘이 빠지는 순간이 온다. 그때 신속히 아이를 일으킨다. 문제행동을 중재할 때는 천천히 접근해서는 안 된다. 아이가 대응하지 못하도록 순식간에 일으켜 의자에 앉힌 후 손을 뗀다.

지금까지 아이를 진정 의자에 앉히는 방법을 설명했고, 이제 진정 의자를 사용할 때 필요한 기술을 소개하겠다. 우선 진정 의자를 사용할 때 부모가 보이지 말아야 할 행동 및 반응이 있다. 이 행동 목록은 중요한 내용이므로 반드시 숙지해야 한다.

첫째, 아이와 상호 작용을 하지 않는다. 아이와 대화, 눈 맞춤, 만지기, 붙잡기 등을 하지 말아야 한다. 아이가 도망쳐도 상관없다. 아이가 도망치려고 할 때마다 막은 후 다시 의자에 앉히고 곧바로 아이에게서 손을 뗀다. 아이를 의자에 앉히고 잡아두거나 힘으로 누르는 식의 대응은 절대 하지 않는다. 또 아이가 울고불고하느라 얼굴이 눈물, 콧물 범벅이 돼도 닦아주지 않는다. 아이가 찝찝함을 느끼도록 그대로 둔다. 아이가 느끼는 불편함이 클수록 울음을 그치고 빨리 진정 의자에서 벗어나려 하기 때문이다. 진정 의자에서 벗어나야 비로소 아이는 세수할 수 있다. 이처럼 아이가 진정 의자에 앉아 있을 때 부모는 아이와 상호 작용하지 않는다. 이것이 진정 의자를 사용할 때 지켜야 할 첫 번째 규칙이다. 아이에게 말을 걸지 않고, 달래지도 않고, 아무것도 해주지 않는다. 그냥 아이 혼자 울게 둔다.

둘째, 아이를 불쌍히 여기지 않는다. 진정 의자를 사용하는 동안 아이를 불쌍히 여기다간 공든 탑을 무너뜨릴 수 있다. 예를 들어, 사탕이나 과자를 달라고 소리 지르며 우는 아이가 있다고 해보자. 부모는 우는 아이를 진정 의자에 앉혀 겨우 진정시켰다. 이렇게 해서 행동 중재에 성공하는 듯했는데, 그다음이 문제다. 겨우 진정한 아이를 보면서 안쓰러운 마음이 든 부모는 '이제 아이가 진정했으니 원하던 간식을 주자'라고 생각하기 쉽다.

그러나 이것은 절대, 절대, 절대 해서는 안 되는 행동이다. 아이가 문제행동으로 원하던 간식을 얻는 잘못된 결과를 초래하기 때문이다. 또 아이의 잘못된 행동에 대처한 부모의 노력 역시 한순간 무위로 돌아가고 만다.

셋째, 아이가 울며불며 떼써도 신체 접촉을 삼간다. 일반적으로 아이는 신체 접촉에 많은 의미를 부여한다. 진정 의자를 사용할 때 신체 접촉을 하면 그것이 아이에게 강화로 작용할 수 있다. 따라서 진정 의자를 사용할 때는 아이와의 신체 접촉을 최소화한다. 아이를 의자에 앉히느라 어쩔 수 없이 신체 접촉을 할 때도 잠깐 손댔다가 재빨리 떼야 한다. 아이와 몸싸움하느라 계속 아이를 붙잡고 있으면 안 된다.

아이를 오래 잡아두는 신체 접촉은 피해야 한다. 유리한 위치를 선점한 뒤 곧바로 아이를 잡아 의자에 앉혀야 한다. 아이가 자리에서 일어나 도망치려 하면 아이를 막아 의자에 도로 앉히고 바로 손을 뗀다. 아이가 바닥에 드러누우면 무릎 꿇은 채 하체 힘으로 아이를 의자에 앉히고 바로 손을 뗀다. 신체 접촉을 피할 수 없다면 접촉을 최대한 짧게 한다.

넷째, 포커페이스를 유지한다. 진정 의자를 사용할 때 부모들이 가장 어려워하는 것이 있다면 포커페이스를 유지하는 것이다. 아이가 소리 지르고 울면 누구나 지치고 짜증이 난다. 그 상황에서 화가 나는 부모 마음은 충분히 이해하지만, 그 감정을 겉으로 드러내서 아이로 인해 부모가 동요하고 있음을 들키면 안 된다. 짜증 난 감정을 드러내지 말고, 아이를 재촉하지 말아야 한다. 아이 혼자 울게 두어야 아이는 감정을 조절하는 법을 배운다.

포커페이스에 자신이 없으면 연습해서라도 부모가 조금도 동요하지 않음을 보여주어야 한다. 아이는 항상 부모의 약점이 무엇인지, 부모의 감정을 건드리는 요소가 무엇인지 찾아내려 한다. 그러므로 아이가 다양한 문제행동을 보일 때 부모는 작은 빈틈도 보이지 않아야 한다. 부모의 약점을 알게 되면 아이는 무조건 그것을 노리기 때문이다.

이 외에도 몇 가지 주의할 내용이 더 있다. 진정 의자에 앉히려고 아이를 들어 올릴 때 치료사나 부모는 반드시 올바른 자세를 유지해야 한다. 버둥대는 아이를 안다가 허리나 어깨를 다칠 수 있기 때문이다. 허리 통증을 겪어본 사람이라면 알겠지만, 허리를 다치면 프로그램 진행은커녕 일상생활도 할 수 없다. 그러므로 아이를 들어 올릴 때는 다리 힘을 사용한다. 상체를 바로 하고 무릎을 바닥에 댄 채 하체 힘으로만 아이를 들어서 의자에 앉혀야 한다.

또 진정 의자를 사용할 때는 하나의 행동만 대처해야 한다. 아이가 울어서 진정 의자에 앉혔다면 아이의 다른 행동은 신경 쓸 필요가 없다. 아이가 손을 빙빙 돌리는 상동 행동을 해도 신경 쓰지 말고 진정할 때까지 의자에 앉혀두는 것만 신경 쓴다.

지금까지 진정 의자 사용법을 살펴보았다. 처음 진정 의자를 사용해 보면 아이들의 반응이 매우 다양하게 나타날 것이다. 그러나 아이들의 다양한 반응에도 불구하고 꾸준히 진정 의자를 사용하면 아이들은 점점 더 빨리 스스로 진정하는 법을 배울 것이다. 또 진정 의자를 사용하는 횟수가 늘어날수록 아이가 진정하는 데 걸리는 시간도 줄어들 것이다.

5. 모방능력 키우기

동작 모방

모방은 새로운 행동이나 언어를 습득하는 데 가장 효과적인 방법이다. 모방 기술을 가진 아이는 가르쳐 주지 않아도 타인의 말이나 행동을 모방하며 배우지만, 모방 능력이 부족한 아이는 나이와 무관하게 학습에 어려움을 겪는다. 그 결과 모방 기술을 제대로 구사하지 못하는 아이는 학습이 뒤처질 수밖에 없다. 자폐 아동은 대체로 모방 능력이 부족하여 따로 기술을 익혀야만 학습의 어려움을 극복할 수 있다.

모방 기술에는 누군가의 행동이나 동작을 그대로 따라 하는 동작 모방(non-verbal imitation)과 다른 사람이 내는 소리, 단어, 구절, 문장을 모방하는 언어 모방(verbal imitation)이 있다. 언어 모방은 매우 기본적인 모방으로 단순한 소리에서 복잡한 문장에 이르기까지 다양한 말을 듣고 따라 하는 기술이다. 이제부터 두 가지 모방에 대해서 알아보자.

동작 모방은 이리 와 프로그램과 함께 모든 아이에게 기본적으로 적용되는 학습 프로그램이다. 아이에게 동작 모방 능력이 있어 다른 사람의 행동을 따라 할 수 있다면 학습 속도가 훨씬 빨라진다. 동작 모방은 아이가 부모의 가르침 없이도 많은 것을 배울 수 있기에 아주 중요한 기술이다. 반면, 내용이 광범위해 프로그램을 제대로 이해하려면 충분한 시간이 필요하다.

동작 모방의 목표는 아이가 다른 사람의 자세나 움직임을 정확히 따라 하는 것이다. 동작 모방을 처음 배우는 아이는 다른 사람의 동작을 보고 따라 해야 한다는 것조차 모를 수 있다. 그런 아이에게 한 번에 여러 동작을 모방하도록 요구해선 안 된다. 한 번에 하나의 행동만 따라 하도록 가르쳐야 한다. 물론 동작 모방의 궁극적인 목표는 아이가 여러 동작을 모방하면서 부모가 무얼 가르치려는 건지, 자기가 무얼 배워야 하는지 이해하는 것이다. 문제는 얼마나 많은 동작을 알려주어야 아이가 동작 모방을 이해하고 일반화할 수 있는지 직접 해보기 전에는 모른다는 것이다.

　어떤 아이는 예시 동작 몇 개만 알려줘도 다른 사람을 보고 동작을 따라 하는 기술임을 이해하고 일반화한다. 반면에 어떤 아이는 훨씬 많은 예시 동작을 알려줘도 동작 모방의 개념을 이해하지 못한다. 이처럼 아이마다 차이가 있어서 어떤 아이는 20개의 예시로도 충분하지만 어떤 아이는 50개의 예시가 필요하다. 심지어 어떤 아이는 부모가 생각해 낼 수 있는 모든 예시를 알려줘야 겨우 이해한다. 이런 아이는 미세하게 다른 동작도 별도의 연습을 거쳐야 겨우 이해한다. 이렇게 특정한 무언가를 이해하거나 배우기 위해 충분한 예시를 사용하는 것을 ABA에서는 **충다 모범**(sufficient exemplars) **훈련**이라 한다. 아이들의 수준이 제각각 달라서 개념 및 기술 학습을 위해 필요한 예시의 양과 수준도 다르다.

　동작 모방을 가르치는 일반적인 진행 과정은 다음과 같다. 우선 **대근육 동작**(gross motor action) 모방이 가능하도록 큰 근육을 사용하는 동작 위주로 가르친다. 대근육을 이용한 큰 동작 모방이 미세한 소근육 동작 모방보다 더 쉽기 때문이다. 아이가 큰 동작을 제대로 모방할 때까지 대근육 조작을 먼저 연습하고, 다음으로 손가락이나 손동작을 모방하는 소근육 조작을 연습한다. 이 과정을 마치면 안면, 구강, 혀 동작으로 넘어가 얼굴과 입의 근육 조작을 연습한다. 구강 모방은 아이가 언어를 구사하는 데 도움이 될 만한 (혀를 내밀거나 혀를 입안 한쪽에서 다른 쪽으로 움직이는 등의) 동작을 연습하는 것이다.

먼저 기본 단계인 대근육 동작부터 알아보자. 부모는 아이가 따라 했으면 하는 동작을 선택하여 아이에게 보여주고 따라 하라고 지시한다. 지시를 받은 아이는 부모가 보여준 동작을 모방해야 한다. 동작 모방을 연습할 때는 아이와 마주 보고 앉는다. 이때 부모와 아이 사이에 테이블 등의 장애물이 없어야 한다.

동작 모방을 연습하기 전에 반드시 알아야 할 내용이 있다. 동작 모방을 가르치는 부모들이 가장 헷갈리는 내용이기도 하다. 일반적으로 자폐 아이들은 거울에 비치는 모습을 그대로 따라 하는 경상 모방을 어려워한다. 거울 앞에 서서 왼손을 들면 좌우가 반전되어 오른손을 든 것처럼 보인다. 마찬가지로 다른 사람과 마주 본 상태로 오른손을 들면 상대

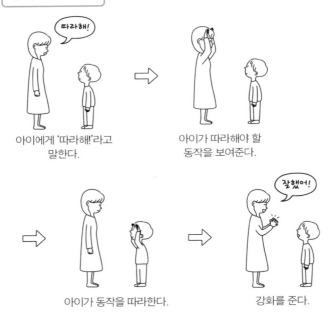

아이에게 '따라해!'라고
말한다.

아이가 따라해야 할
동작을 보여준다.

아이가 동작을 따라한다.

강화를 준다.

방 눈에는 왼손을 든 것처럼 보인다. 따라서 동작 모방을 가르칠 때는 아이가 다른 사람의 동작을 반대로 따라 하도록 가르치는 것이 좋다. 아이가 거울을 보는 것처럼 부모가 오른손을 들면 아이는 왼손을 들고, 부모가 왼손을 들면 아이는 오른손을 들어야 한다.

그렇지 않으면 난처한 상황에 직면하게 된다. 예를 들어,

부모가 '안녕!'하면서 손바닥이 아이를 향하게 흔든 동작을 아이가 (좌우 반전 없이) 똑같이 따라 한다고 가정해 보자. 이 때 아이는 (손바닥이 부모를 향하게 드는) 경상이 아닌 실제 모습을 따라 하게 된다. 그 결과 아이는 부모가 아닌 자기 쪽을 향해 손바닥을 흔들게 된다. 부모의 실제 모습을 따라 한 모방이 오히려 잘못된 동작으로 나타나는 것이다. 아이가 부모의 실제 동작이 아닌 경상으로 따라 하는 모방을 한다면 손바닥이 자기 얼굴을 향하는 동작은 나타나지 않을 것이다. '따라 해!'라는 지시와 함께 왼손의 바닥이 아이를 향하도록 흔들었는데, 아이가 왼손을 들어 자신을 향해 손바닥을 흔든다면 그건 명백한 오반응이다. 아이는 부모를 비추는 거울처럼 반대 손(오른손)을 들어 손바닥이 부모를 향하게 흔들어야 한다.

동작 모방을 가르칠 때는 한 번에 한 동작씩 가르치고, 아이가 제대로 배울 때까지 연습한다. 동작 모방 중 한 손만 사용하는 기초 동작은 아이의 우세손으로 수행하게 한다. 만약 아이를 가르치는 사람이 아이와 같은 우세손을 쓴다면 해당 동작을 비우세손으로 수행해야 한다. 만약 부모가 오른손잡이고 아이도 오른손잡이라면 부모는 항상 왼손으로 동작을 취해 아이가 오른손으로 따라 하게 한다.

종종 대근육 동작 모방을 어려워하는 아이가 있다. 무엇을 해야 하는지 모르기 때문이다. 이런 아이는 주변의 사물을 활용해 아주 낮은 단계의 쉬운 모방부터 시작하는 것이 좋다. 예를 들어, 탁자 위에 블록 두 개와 상자 하나가 있다고 해보자. 아이에게 '따라 해!'라고 지시한 후 블록 한 개를 상자 안에 넣으면 아이도 나머지 블록 한 개를 상자 안에 넣어야 한다. 그 외에 종 울리기, 자동차 밀기, 물건 흔들기 등 사물을 사용한 동작 연습을 반복해 아이에게 모방의 개념을 이해시킨다. 이렇게 해서 아이가 모방을 이해하면 그때부터 사물 없는 동작 모방을 시작한다.

동작 모방 프로그램의 진행은 '따라 해!'라고 지시한 후 아이가 모방할 동작을 보여준다. 이 과정에서 가르치는 사람이 자주 하는 실수가 있다. 프로그램을 진행하는 동안 아이가 어떤 동작을 따라 할 수 있고 따라 할 수 없는지 테스트하는 것이다. 그러나 프로그램 진행 중에 테스트를 하면 안 된다. 사전 테스트를 통해 아이가 할 수 있는 동작과 할 수 없는 동작을 미리 파악해야 한다. 그래야 프로그램을 진행하면서 아이의 정반응을 위해 정확한 촉구(도움)를 줄 수 있다.

동작 모방을 처음 가르칠 때는 아이에게 높은 기준을 요구해야 한다. 부모가 박수 치는 동작을 보여주면서 따라 하라고 지시하면 아이는 별다른 노력 없이 동작을 대충 따라 할 것이다. 아이가 동작 모방을 건성으로 하면 그냥 넘어가지 말고 원하는 동작을 정확히 따라 하게 한다. 이것을 흔히 '높은 기준을 요구한다'고 한다. 높은 기준을 요구한다는 것은 아이가 원하는 수준에 도달할 때까지 다양한 방법을 동원해 동작을 반복해 연습시키는 것을 말한다.

진행 방식은 다음과 같다. 먼저 아이 손을 직접 잡아서 원하는 동작을 정확히 모방하게 한다. 이렇게 촉구를 주어 정반응에 성공하면 아이에게 강화를 준다. 다만 아이가 도움을 받았을 때 주는 강화의 강도와 스스로 해냈을 때 주는 강화의 강도에 차이를 둔다. 아이가 도움을 받아 성공했을 때는 ('잘했어!'라고 짧게 칭찬하거나 가볍게 간지럽히는) 낮은 수준의 강화를 준다. 반면에 아이 스스로 성공하면 (안아 올리거나 숨이 넘어갈 정도로 간지럽히는) 최고 수준의 강화를 제공한다. 이처럼 아이의 노력에 비례해 강화를 차별하면 아이는 좋은 강화를 받고 싶어 더 열심히 과제를 수행한다.

차별 강화의 목적은 시팅을 마치기 전 아이 스스로 정반응에 도달하는 것이다. 일반적으로 프로그램을 처음 진행할 때는 도움이 필요할 때마다 아이에게 도움을 주다가 마지막에는 아이 스스로 할 수 있게 한다. (부모가 손을 내밀어 잡아주거나, 아이를 툭툭 치거나, 아이 손을 잡아주는 등의) 도움 없이도 동작을 보고 모방하면 과제를 종료한다. 이때 부모들이 주의할 점이 있다. 보통 부모들은 한 번 촉구를 주어 아이가 성공하면 다음에도 아이가 스스로 과제를 수행할 것으로 생각한다. 그건 부모들의 착각이다. 애초부터 아이는 동작을 모방하는 법을 몰라서 배우는 것이다. 한 번 성공했다고 해서 다음에도 성공한다고 장담할 수 없다. 지난 세션에서 아이가 독립 수행에 성공했더라도 다음 세션에서 과제를 독립적으로 수행하지 못한다면 여전히 촉구를 주어야 한다.

동작 모방을 가르칠 때 주의할 내용이 하나 더 있다. 아이가 동작 모방을 한다고 해서 부모 지시를 기꺼이 따르는 것은 아니다. 아이가 무언가를 할 수 있는 실력을 갖추는 것과 부모 지시에 따라 실력을 발휘하는 것은 별개의 문제다. 그러므로 아이가 배우는 내용을 이해하는 것과 배운 내용을 지시받았을 때 실행하는 두 가지 연습이 동시에 진행되어야 한다.

두 가지 연습을 동시에 진행하려면 아이에게 지시를 내리자마자 바로 도움을 주고 성공하는 순간 강화를 주어야 한다. 아이 스스로 과제를 해내려는 움직임이 포착될 때까지 반복해서 도움을 주어야 한다. 아이가 혼자서 해내려는 조짐이 보이면 그때부터 촉구 주는 것을 멈추고 아이가 독립적으로 과제를 수행하게 한다. 아이가 과제 수행을 거부하며 저항하면, 저항을 멈출 때까지 촉구를 주어 과제를 수행하게 한다. 아무리 저항하고 도망치려 해도 흔들리지 말고 아이가 순응할 때까지 촉구를 주어야 한다. 그래야 부모가 통제권을 확립할 수 있다. 아이 스스로 과제 수행에 성공할 때까지 지시와 촉구를 반복한다. 아이의 문제행동이 사라지고 촉구 없이 지시를 수행할 때까지 새로운 동작은 가르치지 않는다.

아이가 첫 동작을 독립적으로 수행하면 새로운 동작을 추가한다. 이번에도 아이를 불러 '따라 해!'라는 지시와 함께 동작을 보여준다. 또 아이가 따라 할 수 있게 도움을 주고 성공하면 강화를 주는 과정을 똑같이 진행한다. 아이가 도움 없이 혼자서 새로운 동작을 모방할 때까지 동작의 시범, 촉구, 강화를 계속 제공한다. 첫 동작과 마찬가지로 아이가 한 번에 성공할 때까지 두 번째 동작도 반복해서 연습한다. 두 번째 동작 모방을 연속해서 성공하면 아이가 배운 동작 두 개를 한꺼번에 연습한다. 예를 들어, 처음에 박수 치기를 배웠고, 두 번째 동작으로 배 두드리기를 배웠다고 해보자. 두 번째 동작을 배운 다음에는 두 동작의 모방을 연달아 연습한다. 아이가 정반응을 보일 때까지 두 동작을 반복해서 연습한다.

아이가 두 동작을 순서에 상관없이 정확히 따라 하면 세 번째 동작을 추가한다. 이번에도 앞의 두 동작을 연습했던 것과 같은 과정을 반복한다. 새로운 동작을 보여주고 아이가 과제 수행에 성공하도록 촉구를 주고, 아이가 성공하면 강화를 준다. 아이 스스로 따라 할 때까지 이 과정을 반복한다. 세 번째 동작 모방을 촉구 없이 아이가 한 번에 성공할 때까지 반복해서 연습한다. 아이가 세 번째 동작의 모방을 독립적으로 수행하면 앞서 배운 두 동작과 무작위로 섞어 따라 하게 한다. 아이가 순서에 상관없이 세 가지 동작을 정확하게 따라 하면 다시 새 동작을 추가한다.

동작 모방 프로그램을 시작할 때 처음 가르칠 동작 다섯 개는 신중하게 선별해야 한다. 다섯 개 동작은 최대한 다른 신체 동작으로 선별한다. 첫 동작으로 배 두드리는 법을 가르쳤다면, 두 번째 동작으로 허벅지 두드리는 법을 가르쳐선 안 된다. 배우는 동작들이 완전히 달라야 아이가 쉽게 구별할 수 있기 때문이다. 만약 박수 치는 동작을 가르쳤다면 다음으로 발 구르는 동작을 가르치는 게 낫다. 앞의 동작과 완전히 다른 신체를 사용하는 동작을 가르쳐야 아이가 동작을 구별해서 수행하기 쉽다.

자폐 아동은 이미 배운 기술도 반복해서 연습하지 않으면 쉽게 잊어버린다. 따라서 새로운 기술을 배우는 중에도 앞서 배운 기술을 계속 연습해야 한다. 아이에게 새로운 항목을 가르치는 것을 **습득 항목 시팅**(acquisition item sitting)이라고 한다. 기록지에는 @으로 표시한다. 반면에 이미 배운 내용을 복습하는 것을 **숙달 항목 시팅**(mastered item sitting)이라고 한다. 기록지에는 MI로 줄여서 표시한다. 아이가 이미 배운 기술을 잊어버리지 않도록 MI 시팅을 실행하는 것은 매우 중요하다. 우리 기관에서는 세 번째 시팅에는 MI 과제를 진행한다. 첫 번째 시팅에서 습득 항목을 진행하고, 두 번째 시팅에서도 습득 항목을 진행한다. 세 번째 시팅에서는 숙달 항목(MI)을 진행한다. 이후에도 이 과정을 되풀이한다.

아이가 배우는 동작이 늘어날수록 점점 복잡한 동작을 가르쳐야 한다. 아이가 우세손을 이용한 동작을 전부 모방한다면, 다음에는 비우세손 동작을 가르친다. 부모가 오른손으로 동작을 보여주면 아이는 왼손으로 따라 해야 한다. 동작의 각도까지 정확히 따라 하게 한다. 부모가 팔을 뻗으면서 살짝 위로 올리면 아이는 팔의 각도까지 정확히 따라 해야 한다. 아이 수준에 맞게 모방할 동작의 난이도 역시 점점 높여가야 한다. 아이에게 가르칠 기술의 난이도를 점차 높여가는 방식은 동작 모방뿐만 아니라 모든 프로그램에 그대로 적용된다.

처음에는 아이에게 개별 동작을 가르치다가 나중에는 두 동작을 한 번에 수행하는 과정으로 발전시킨다. 전체적인 진행 방법은 우선 개별 행동을 각각 가르치고 이후 두 동작을 합쳐서 수행하는 방식으로 가르친다. 아이가 배운 동작 중 무작위로 두 개를 보여주면 아이는 부모의 행동을 따라 해야 한다. 예를 들어, 아이에게 '박수 치고 손 머리'를 지시한다고 해보자. 부모가 '따라 해!'라는 말과 함께 두 동작을 연달아 보여주면 곧바로 아이는 따라 해야 한다. 부모가 시범 동작을 마치기 전에 아이가 따라 하면 안 된다. 부모의 행동을 본 아이가 주어진 두 개의 동작을 완벽하게 모방할 때까지 반복해서 연습시킨다.

지금까지 거울 이미지(경상) 모방을 가르치는 방법을 살펴봤다. 아이가 거울 이미지 모방을 잘 해내면 다음 단계에서는 실제 이미지 모방을 가르친다. 실제 이미지 모방은 마주앉은 사람을 따라 하는 게 아니라 (앞 혹은 옆에서) 같은 방향을 보는 사람을 따라 하는 것이다. 실제 이미지 모방은 거울이미지와 달리 옆 사람이 오른손을 들면 똑같이 오른손을 들고, 왼발을 움직이면 왼발을 움직인다. 유치원이나 학교에서 옆의 친구를 보고 따라 할 때 유용한 기술이다.

아이가 충분한 연습을 통해 모방 기술을 익힌다면 무엇이든 보고 따라 할 수 있는 능력을 갖추게 될 것이다. 아이가 태권도 학원에 다닌다면 앞에서 수업하는 사범의 동작을 따라 하며 배울 것이다. 혹은 옆에 있는 친구의 동작을 보고 따라 할 수도 있다. 아이는 모방 기술을 사용해 자연스럽게 학습능력을 갖추게 될 것이다.

언어/발성 모방

이제 두 번째 모방 프로그램인 발성 또는 언어(소리, 단어, 문장) 모방에 대해 알아보자. 발성 혹은 언어 모방은 아이가 주변에서 들은 소리, 단어, 문장을 재현하는 능력을 길러주어 동작 모방처럼 아이의 학습력을 높이는 데 도움이 된다. 언어 모방 프로그램의 목적은 다른 사람이 내는 소리, 단어, 문장을 아이가 잘 모방하도록 가르치는 것이다. 따라서 표현 언어 구사에 어려움을 겪는 자폐 아이에게 언어 모방은 매우 유용한 기술이다.

그렇다면 음성 언어를 전혀 구사하지 않는 무발화 아이는 언어 모방 프로그램을 어떻게 시작할까? 무발화 아이의 첫 목표는 언어 발달, 그중에서 특히 발성 발달을 촉진하는 것이다. 발성 발달을 촉진하기 위해서는 우선 발성 횟수를 높여야 한다. 예를 들어, 아이가 '버' 하고 아무 의미 없는 소리를 냈더라도 아이에게 강화를 주어 많은 소리를 생성하도록 한다. 그렇게 해서 아이가 다양한 소리를 내면 다음으로 부모 지시에 따라 언어를 모방하게 한다.

진행 방법은 다음과 같다. 먼저 아이가 자주 내는 소리 중 하나를 골라 따라 말하라고 지시한다. 지시를 내린 후 5초 안에 아이가 소리를 내면 강화를 준다. 앞서 말했듯이 1단계 목표는 아이가 소리를 낼 때마다 강화를 주어 더 많은 소리를 내게 하는 것이다. 2단계 목표는 부모가 지시를 내리면 제한 시간 내에 아이가 어떤 소리든 내는 것이다. 아이가 부모 지시와 다른 소리를 내도 상관없다. 아이에게 '버'라고 지시했는데 '아'라고 해도 강화를 준다. 중요한 것은 아이가 소리를 정확히 따라 하는 게 아니다. 부모가 지시하면 소리를 내야 한다는 것을 아이에게 이해시키는 것이다. 이 연습을 통해 부모가 소리를 내라고 할 때마다 아이는 5초 안에 아무 소리라도 내야 한다.

3단계에서는 2단계보다 성공 기준을 좀 더 높인다. 2단계에서 소리를 낼 때까지 5초의 시간을 주었다면 3단계에서는 제한 시간을 줄인다. '따라 말해'라는 지시와 함께 특정 소리를 말하면 아이는 3초 이내에 아무 소리든 내야 한다. 아이가 계속해서 3초 이내에 지시를 따르면 다음 단계로 넘어간다. 다음 단계에서는 부모가 내는 소리를 아이가 정확히 모방하도록 한다. 정확한 음성 모방을 위해서는 선행 작업이 필요하다. 일주일 동안 주의 깊게 아이를 관찰하며 어떤 소리를 자주 내는지 알아내야 한다. 아이가 가장 많이 내는 소리가 아이에게는 가장 쉬운 소리일 것이다. 그 소리로 음성 모방을 시작하면 쉽게 따라 할 것이다. 예를 들어, 부모가 '바'라고 말하면 아이는 3초 안에 '바'라고 정확히 따라 말해야 한다. 아이에게 특정 소리를 따라 말하라고 할 때마다 아이는 정확하게 그 소리를 모방해야 한다.

　여기까지 아이가 잘 따라오면 다음 단계에서는 새로운 소리를 연습한다. 첫 번째 소리와 마찬가지로 두 번째도 아이가 가장 많이 내는 소리 중에서 선택한다. 이번에도 부모가 지시를 내리면 아이는 소리를 정확히 따라 해야 한다. 부모가 '아'라고 말하면 아이도 '아'라고 해야 한다. 동시에 아이가 배운 첫 번째 소리도 별도로 연습한다. 연습을 통해 아이가 두 소리 모두 능숙하게 따라 말하면 두 소리를 섞어서 연습한다. 아이에게 '버' 소리를 내라고 하면 아이는 '버' 소리를 내야 한다. 새로 배운 '아' 소리를 내라고 하면 마찬가지로 '아' 소리를 낼 수 있어야 한다. 아이가 '아'라고 해야 하는데, 아무 생각 없이 습관적으로 '버'라고 하면 안 된다. 부모가 내는 소리를 주의 깊게 듣고 따라 말해야 한다.

　아이가 두 소리를 구분하게 되었다면 세 번째 소리를 가르친다. 세 번째 소리도 아이가 빈번하게 내는 소리 중 하나를 고른다. 앞서 연습한 것처럼 아이는 부모가 지시와 함께 내는 소리를 그대로 따라 하며, 연습을 통해 소리를 따라 할 수 있게 되면 앞서 배운 소리와 섞어서 연습한다. 이 과정을 통해 아이가 낼 수 있는 소리 종류를 늘려나간다.

언어 모방 프로그램의 시작점은 아이에게 현재 필요한 기술이 무엇인가에 따라 달라진다. 아이가 높은 언어 수준을 갖고 있다면 특정 언어 기술 구축에 집중해야 한다. 반면에 언어 구사 자체가 안되는 아이는 발성 연습부터 시작한다. 발성 연습을 시작한 다음에는 단음절 소리 생성을 연습한다. 이 과정을 통해 아이의 발성 레퍼토리가 만들어지면 배운 소리를 합쳐 다중음절 소리를 형성하는 연습을 진행한다. 아이가 모방할 수 있는 다중음절 소리가 늘어나면 그 소리를 합쳐 단어를 형성하는 단계로 넘어간다. 아이가 말할 수 있는 단어가 여러 개 생기면 단어를 엮어서 구절 만드는 연습을 진행하고, 더 나아가 구절로 완전한 문장을 만드는 단계까지 나아간다.

아이에게 가르칠 또 다른 언어 모방 유형은 성량 조절이다. 발달장애 아동은 환경에 상관없이 너무 크거나 작게 말하는 경향이 있다. 따라서 아이가 크게 혹은 작게 말하는 성량 조절 능력을 키워야 한다. 이를 가르치기 위해서는 우선 아이가 쉽게 낼 수 있는 소리나 단어를 발음하게 한다. 그다음 그 소리나 단어를 크게 혹은 작게 말하는 연습을 진행한다. 예를 들어, 아이에게 '따라 말해! 개'라고 하면 아이가 '개'라고 말할 것이다. 그런 다음 아이에게 크게 말하라는 지시와 함께 시범을 보여준다. '크게'라고 말한 후 큰 소리로 '개'를 외친다. 그러면 아이는 큰 소리로 '개'를 따라 해야 한다. 부모가 시범을 보일 때 아이가 성량 차이를 이해할 수 있도록 소리를 과장해서 외쳐야 한다. 아이가 두 소리의 성량 차이를 인지하는 것이 성량 조절 연습의 목표다.

성량 조절 언어 모방에서 부모가 특별히 귀 기울일 부분이 있다. 처음에 아이가 '개'라고 말했을 때 성량이 어느 정도인지 가늠하는 것이다. 두 번째로 부모가 크게 말하라고 했을 때 아이가 처음보다 더 크게 말했는지 확인하는 것이다. 아이가 처음보다 조금이라도 크게 말했다면 아이에게 강화를 준다. 크게 말하는 것을 가르치면서 동시에 속삭이거나 작게 말하는 것도 가르친다. '크게'와 '작게'를 동시에 가르쳐야 아이가 각각의 소리를 구별하게 된다. 크거나 작은 소리의 기준은 처음에 '따라 말해! 개'라고 지시한 후 아이가 '개'라고 말한 소리다. 이것을 기준으로 성량이 커졌는지 작아졌는지 확인하면 된다. 성량 조절 연습을 통해 아이는 목소리 크기를 조절하는 능력을 갖추게 될 것이다.

처음에는 아이의 성량 변화가 크지 않을 것이므로 약간의 차이에도 만족해야 한다. 약간의 성량 변화만 보여도 아이의 노력에 대한 강화를 주어야 한다. 연습을 반복하는 동안 아이는 점점 크게 혹은 작게 말하는 능력을 갖추게 될 것이다. 그렇지만 아이 능력이 조금 향상되었다고 만족하지 말고 다른 프로그램과 마찬가지로 아이의 발전에 맞춰 목표 기준을 계속 높여야 한다. 아이의 성량 조절 실력이 향상되면 당연히 정반응의 기준도 높여야 한다. 기준을 높여가며 연습하다 보면 어느새 아이 스스로 성량을 조절하고 크게 혹은 작게 말해야 하는 상황을 구분할 것이다. 또 부모 지시에 따라 목소리를 크고 작게 내는 모습을 보여줄 것이다.

음성 언어 모방 프로그램의 목적은 아이가 소리를 듣고 따라 말하도록 가르치는 것이다. 여기서 아이가 모방할 소리는 모든 종류의 소리, 대화, 말투를 포괄한다. 음성 언어 모방은 아이의 잘못된 문법을 수정하는 데도 도움이 된다. 아이의 언어 구사 능력은 여러 요인과 연계되어 있다. 그러므로 언어 모방 훈련만 단독으로 실행하지 않는다. 많은 소리를 생성할 능력을 키우기 위해 안면 및 구강 운동, 입안 감각의 둔감화 등 다양한 작업과 병행해야 한다.

언어 능력을 향상하기 위해서는 올바른 근육 및 안면 움직임이 필요하다. 이를 위해서는 안면 및 구강 동작 모방이 가능해야 한다. 아이가 혀를 차거나 바람 불기 등의 동작을 따라 할 수 있어야 한다. 이런 동작을 수행하기 위해서는 안면 및 구강 동작 모방을 반복해 연습해야 한다. 자폐 아이들은 입 주변과 혀 근육이 발달하지 않아 근력과 조정력이 부족한 경우가 많다. 이런 이유로 소리를 내고 싶어도 내지 못한다. 따라서 아이의 부족한 구강 근력, 지구력, 조정력을 향상하기 위해 안면 및 구강 훈련이 필요하다.

일반적으로 자폐 아이들은 입에 특정 기구를 넣는 것에 거부 반응을 보인다. 입안에 칫솔을 넣거나 치과 진료를 받는 것도 쉽게 용납하지 않는다. 그러나 숟가락이나 젓가락으로 밥을 먹기 위해서라도 입이 사물과 접촉하는 것은 피할 수 없다. 그뿐만 아니라 입에 무언가를 넣고 혀의 움직임을 조정할 때도 있다. 이처럼 일상생활에서 입과 사물의 접촉을 피할 수 없기에 오히려 접촉에 무감각해지는 훈련을 해야 한다. 아이의 거부 반응이 클수록 입과 혀를 움직이는 방법을 가르치기 어렵기 때문이다.

언어 모방을 연습할 때는 소리를 따라 말하는 것에만 집중

하면 된다. 때로는 원활한 학습을 위해 다른 지원이 필요할 때도 있다. 어떤 아이들은 언어 모방을 너무 힘들어해 따라 말하라는 지시를 들을 때마다 압박감을 느끼기도 한다. 그때는 부모가 물병을 들고 '무-, 무-'하며 언어를 실제 사물과 짝지어서 가르치기도 한다. 이 같은 시도를 통해 아이가 사물에 더 주의를 기울이면서 압박감이 완화되어 소리를 더 많이 생성할 수 있다. 이 외에도 부모가 아이 입을 두드리는 신체 촉구를 통해 아이가 소리를 쉽게 내도록 도울 수 있다.

지금까지 소리 모방을 위해 할 수 있는 프로그램을 살펴봤다. 그동안 만났던 부모들의 가장 큰 바람은 아이가 말하는 것이었다. 그러나 아이가 말하는 것이 치료의 가장 중요한 목적은 아니다. 아이 스스로 무엇을 원하고 필요로 하는지 효과적으로 의사를 전달하는 것이 더 중요하다. 왜냐하면 발성은 부모의 노력으로 해결되는 게 아니기 때문이다. 아이 스스로 말하지 않으면 누구도 아이의 말문을 열 수 없다. 부모나 치료사가 아무리 애써도 갑자기 아이가 말하는 일은 거의 일어나지 않는다. 발성은 부모의 통제 밖의 일로 억지로 성공시킬 수 없다.

그렇지만 부모는 적절한 강화제를 제공해 아이가 소리 내며 말하도록 동기부여는 할 수 있다. 또 아이의 입안 감각을 둔감화해 다양한 소리를 내게 할 수 있다. 안면 및 구강 운동을 통해 아이가 발성할 수 있는 최상의 상태를 만들어 줄 수도 있다. 아이의 발성을 직접 제어할 순 없어도 주변 환경을 조성해 아이가 더 많은 언어를 말하도록 장려는 할 수 있다.

비유하자면 발성 지원에 있어 부모와 치료사는 농부와 같다. 농부는 작물이 자라는 데 필요한 물, 거름, 토양 등을 조절할 수 있지만, 작물 자체의 성장을 조절할 수는 없다. 이처럼 농부에게는 통제할 수 있는 것도 있지만 통제 밖의 영역도 엄연히 존재한다. 따라서 인위적으로 조절할 수 없는 통제 밖의 요소에 매달려 시간 낭비할 필요가 없다. 그럴 때는 차라리 밭을 최상의 상태로 관리 유지하여 최상의 작물을 얻는 게 낫다. 너무도 간절한 마음에 통제 밖의 일에 에너지를 쏟는 오류를 범해선 안 된다. 그것은 아이에게 심한 압박감을 불러일으켜 더 큰 좌절을 맛보게 할 뿐이다. 오히려 조절 가능한 일에 최선을 다해 아이 스스로 자신의 한계를 넘어서도록 돕는 것이 낫다.

6. 매칭

이번에 다룰 주제는 매칭(matching)이다. 매칭이 무엇이고, 왜 중요한지, 그리고 매칭 기술을 가르치는 방법에 대해 알아보자.

매칭은 가장 기본적인 프로그램으로 아이를 처음 가르칠 때부터 사용한다. 매칭은 아이가 얼마나 예리하게 사물을 보는지, 시각적으로 다른 두 개의 항목을 얼마나 정확히 구별하는지 파악하는 데 유용하다.

매칭 프로그램은 아이에게 다양한 사물의 매칭 방법을 가르치도록 설계되었다. 아이에게 특정 항목을 가르치는 데 그치지 않고, 겉모양이 다른 동일 항목을 분류하는 법까지 가르치는 게 매칭 프로그램의 궁극적인 목표다.

매칭 프로그램은 아이가 사물을 분류하는 방법을 배우기 전에 가르치는 선행 기술이다. 처음에는 사물이 서로 다르게 보여도 어떤 사물이 같은 종류인지 이해하면 분류하는 법을 알 수 있다. 간단한 예를 들어보겠다. 세상에는 다양한 모양의 탈것들이 있지만 모두 탈것으로 분류한다. 자동차, 기차, 보트, 오토바이, 자전거 등은 외형이 완전히 다르지만 전부 탈것에 속한다. 서로 다른 생김새와 기능을 가졌지만 모두 같은 부류에 속한다. 이처럼 사물의 특성에 맞게 같은 종류끼리 분류하는 법을 알게 되면 아이의 배움도 빨라진다. 행동 분야에서는 이 같은 현상을 자극 등가(stimulus equivalence) 교수라고 부른다. 아이가 비슷한 사물이 같은 방식으로 작동한다는 사실만 이해하면 동일 부류에 속하는 사물을 매번 따로 가르칠 필요가 없다.

매칭 프로그램의 목표는 이미 배운 내용을 (배운 적이 없는) 유사한 다른 내용에 적용해 일반화를 달성하는 것이다. 다음 이미지는 한글 자음 ㄱ을 다양한 글꼴로 나타낸 것이다. 일부 아이들은 다양한 글꼴의 ㄱ이 같은 글자임을 이해

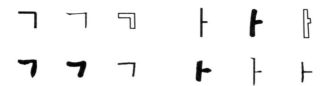

다양한 글꼴의 자음 'ㄱ'과 모음 'ㅏ'

하지 못한다. 첫 번째 ㄱ을 배운 후 옆에 있는 다른 글꼴의 ㄱ을 보여주면 두 개가 같은 글자임을 알지 못한다. 세 번째 다른 ㄱ을 보여줘도 마찬가지다. 아이는 첫 번째 ㄱ 하나만 알아보고 다른 글꼴의 ㄱ이 같은 ㄱ임을 인식하지 못하는 것이다. 이처럼 아이가 같은 문자 간의 동일성을 이해하지 못하면 학습도 그만큼 더딜 수밖에 없다. 이때 필요한 것이 일반화다. 일반화가 이루어지면 겉으로 보기에 차이가 나는 항목들도 같은 항목으로 분류할 수 있다. 더 나아가 ㄱ을 ㄴ, ㄷ, ㄹ, ㅁ, ㅂ 같은 다른 글자들과 구별할 줄 알아야 한다. 글자들이 비슷하게 보여도 결정적인 포인트를 찾아 서로 다른 글자임을 이해해야 한다.

이제 매칭 프로그램을 진행하는 방법을 자세히 알아보자. 매칭 프로그램을 처음 시작하는 단계에서 가장 중요한 것은 아이가 무엇을 해야 하는지 정확히 아는 것이다. 아이가 무엇을 해야 하는지 알게 하려면 프로그램을 진행할 때 아이에게 많은 도움(촉구)을 주어서 무조건 정반응을 보이게 해야한다. 만약 도움을 주지 않으면 아이는 정반응과 오반응을 오가며 우왕좌왕할 것이다. 따라서 아이가 오반응을 보이지 않도록 충분한 도움을 제공해야 한다. 그뿐만 아니라 가장 쉬운 단계에서 과제를 시작해야 한다. 매칭에서 가장 쉬운 단계는 똑같은 사물을 맞추는 것이다. 모양이 똑같은 사물의 짝짓는 연습을 통해 아이는 같은 항목끼리 매칭하는 법을 배운다.

처음 매칭 프로그램을 시작할 때는 주변에서 흔히 볼 수 있는 사물 세 개를 각각 두 개씩 준비한다. 그중 각기 다른 사물 세 개를 가져와 아이 앞에 둔다. 그다음 '같은 거!'라고 지시하며 나머지 세 개 사물 중 맞출 사물을 아이에게 건넨다. 예를 들어, 아이 앞에 신발, 선글라스, 오리 장난감을 두었다고 해보자. 아이 앞에 있는 신발, 선글라스, 오리 장난감 세개를 **필드**(field)라고 부른다. 필드는 아이가 매칭할 대상 항목이다. 필드는 보통 세 개로 시작한다. 필드 항목이 두 개 이하면 정답을 고르기가 쉽고, 반대로 필드 항목이 많으면 아이가 매칭을 어려워하기 때문이다. 아이가 매칭을 너무 쉽거나 어렵다고 느끼지 않도록 아이 실력과 수준에 맞춰 필드 항목을 조절해야 한다.

필드 항목의 개수뿐만 아니라 난이도 역시 일정 수준을 유지해야 한다. 필드 항목이 늘어날수록 아이는 매칭을 어려워하지만, 오히려 아이의 매칭 실력을 정확히 평가할 수 있는 장점이 있다. 반대로 필드 항목이 세 개밖에 없으면 아이가 아무거나 선택해도 매칭에 성공할 확률이 33%나 된다. 문제는 첫 번째 매칭의 성공 항목을 빼고 그 자리에 새 항목을 넣어 그대로 진행하면 선택 확률이 50%로 올라갈 수도 있다. 부모가 남은 두 필드 항목 중 하나의 선택을 요구하고, 아이 역시 둘 중 하나를 선택하려 하기 때문이다.

예를 들어 필드 항목이 3개 있다고 해보자. 아이에게 매칭을 요구해 하나의 매칭에 성공하면 필드에서 해당 항목을 교체한다. 부모는 새 항목으로 교체한 후 필드 항목의 위치 변경 없이 그대로 매칭을 진행한다. 부모는 자기도 모르게 교체한 항목이 아닌 남은 두 항목 중 하나의 매칭을 요구하게 된다(실제 매칭을 진행해 보면 이해할 것이다). 부모의 패턴을 간파한 아이는 남은 두 개 중 하나를 선택하려 한다. 정확한 매칭 항목을 찾으려 하지 않고 눈치로 답을 선택하는 것이다. 따라서 아이가 눈치로 답을 선택하지 못하도록 매칭을 요구할 때마다 필드 항목의 위치를 바꿔야 한다.

처음 매칭 프로그램을 시작할 때는 아이 손을 잡아 매칭할 사물을 집어 맞는 짝 옆에 놓도록 도와준다. 이후 매칭을 시도할 때마다 계속해서 같은 촉구를 준다. 각 시도가 끝난 후에는 필드 항목을 섞고, 아이가 도움 없이 혼자서 매칭을 해낼 때까지 연습한다. 아이가 매칭 개념을 완전히 이해할 때까지 연습을 반복한다. 아이가 매칭을 완전히 이해하면 아이에게 낯선 새 항목을 추가해도 부모 도움 없이 매칭에 성공할 것이다.

아이가 매칭을 충분히 이해했다면 매칭 프로그램을 체계적으로 발전시킨다. 연습을 통해 매칭이 가능한 항목들 중심으로 프로그램을 진행하는 것이다. 예를 들어, 아이에게 신발을 건네며 매칭을 지시했다고 해보자. 아이는 부모 지시에 따라 신발을 필드의 항목과 매칭할 것이다. 아이가 정확히 매칭했다면 맞춘 항목을 필드에서 제거하고 새로운 항목으로 교체한다. 매칭한 항목을 교체한 후에는 필드 항목을 재배치한다. 다음으로 필드에 있는 항목 중 아무거나 무작위로

①

필드의 '신발'과
매칭할 '신발'을 준비한다.

②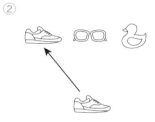

매칭할 '신발'을 집어
필드의 '신발' 옆에 놓도록 한다.

③

'신발' 매칭을 성공하면
필드에서 '신발'을 빼고
새로운 항목인 '모자'를 넣는다.

④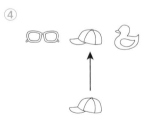

매칭할 '모자'를 집어
필드의 '모자' 옆에 놓도록 한다.

정해 다시 매칭을 지시한다. 이 과정을 반복하다 보면 부모는 확실히 알 것이다. 매칭은 아이가 찍어서 맞추는 것이 아니라 확실히 답을 알아야 맞춘다는 사실을.

아이가 신발을 잡아 필드에 있는 신발과 맞추면 신발은 필드 밖으로 꺼낸다. 신발이 있던 자리에 선글라스를 옮긴 다음 선글라스가 있던 자리에 새 항목을 추가한다. 이렇게 필드를 새로 세팅하고 아이에게 다른 항목을 주어서 맞는 짝을 찾도록 한다. 이번에도 아이가 매칭에 성공하면 맞춘 항목을 제거하고 필드 항목을 섞은 뒤 새 항목을 추가해 진행한다. 이 과정에서 매칭 항목을 선택할 때 일정한 패턴을 보이면 안 된다. 아이가 패턴을 읽고 매칭 위치를 예측하기 때문이다. 따라서 패턴이 만들어지지 않도록 매칭 항목을 선택할 때 무작위로 골라야 한다.

예를 들어, 부모가 매칭 항목을 고를 때 항상 필드 왼쪽에서 시작해 중간을 거쳐 오른쪽 항목 순서로 선택한다고 해보자. 조만간 아이는 매칭 순서가 왼쪽, 가운데, 오른쪽으로 진행된다는 것을 눈치챌 것이다. 그러면 아이는 매칭 항목에 주의를 기울이지 않고 무조건 왼쪽, 가운데, 오른쪽 항목을 기계적으로 매칭할 것이다. 부모 지시에 규칙이 있음을 눈치

챈 아이는 노력으로 과제를 수행하기보다 패턴에 의존해 답을 찾으려 할 것이다.

매칭 프로그램의 첫 단계에서 아이가 배울 내용은 처음 보는 항목을 필드의 같은 항목과 짝짓는 것이다. 첫 단계에서 아이가 과제를 능숙하게 해내면 다음 단계에서는 **불일치 매칭**(non-identical matching)을 가르친다. 불일치 매칭은 같은 종류지만 모양은 조금 다른 두 항목을 짝짓는 것이다. 아이에게 필드에 있는 신발과 다른 색상의 신발을 주면서 매칭을 지시하는 방식이다. 아이가 매칭을 잘하면 필드 항목과 다른 모양의 항목으로 점차 바꿔나간다. 물론 매칭 항목의 모양이 바뀌어도 매칭 대상이 같은 종류의 사물임은 계속 이해시켜야 한다. 매칭 사물이 신발이라면 완전히 다른 색상이나 다른 모양의 신발을 매칭할 때도 외형과 무관하게 둘 다 신발임을 이해시킨다. 이처럼 매칭은 같은 종류 같은 모양의 항목을 짝짓기에서 시작해 점차 같은 종류 다른 모양의 항목을 짝짓는 것으로 발전시킨다.

처음 매칭 프로그램을 진행할 때는 실제 사물을 가지고 연습하는 것이 좋다. 그림 카드나 사진 대신 아이가 직접 잡아서 옮기기 쉬운 물건을 사용한다. 사물을 사용해 매칭을 보여주면 아이가 무엇을 해야 하는지 더 쉽게 이해할 수 있기 때문이다. 접시나 컵처럼 겹치거나 포개기 쉬운 사물로 시작하면 아이가 매칭을 더 쉽게 한다. 그러나 매칭 프로그램의 목적은 물건을 잘 쌓는 방법을 가르치는 것이 아니므로 접시나 컵 같은 사물은 처음에만 사용한다. 아이가 사물과 사물 간의 매칭을 잘하면 그림(혹은 사진)과 그림 간의 매칭으로 넘어간다. 아이가 그림과 그림 간의 매칭을 잘하면 사물과 사물 그림(혹은 사물 그림과 사물을)을 매칭하는 것도 가르친다.

이제까지 설명한 매칭 진행 방법은 일반적인 과정으로 모든 부모가 그대로 따라 할 필요는 없다. 아이 수준에 맞춰 프로그램을 바꿔서 진행하는 것이 좋다. 어떤 아이는 동일 항목의 매칭은 빨리 배우지만, 불일치 항목의 매칭은 체계적으로 가르쳐도 겨우 이해한다. 반면에 어떤 아이는 사물 그림과 사물 간의 매칭 기술이 뛰어나 가르치기 수월하지만, 어떤 아이는 정말 어려워한다. 이처럼 아이마다 차이가 있어서 각자의 수준에 맞춰 프로그램을 진행해야 한다.

이 책에서 소개한 매칭 기술은 기초 단계에 불과하다. 아이가 이 과정을 잘 배우면 다양한 분야에 매칭 기술을 적용해 영역을 확장해 나갈 수 있다. 단어와 사물 간의 매칭 혹은 사물과 단어 간의 매칭을 가르칠 수 있다. 그림과 단어 간의 매칭을 통해 음성 언어가 발달하지 않은 아이에게 글을 가르쳐 이해력 및 의사소통 능력을 발전시키기도 한다. 이 외에도 매칭 기술을 이용해 전치사나 친구 이름 등 다양한 내용을 가르칠 수 있다.

7. 기초 언어 프로그램 - 비수반적 교수법

언어와 관련된 프로그램은 대부분 **비수반적 교수법**(Non-Contingent Teaching, 이하 NCT)으로 진행한다. 사물의 이름, 색깔, 모양, 행동, 감정, 명제, 읽기, 쓰기 등 언어와 관련된 거의 모든 내용을 비수반적 교수법(NCT)으로 가르친다. 지금까지의 학습 결과를 보면 NCT는 자폐 아이의 언어 학습에 확실히 효과가 있다. 그러므로 아이에게 언어 프로그램을 진행하기 전에 NCT를 충분히 알아야 한다. 여기서도 언어 프로그램을 소개하기 전에 NCT로 아이를 가르치는 방법을 먼저 소개하겠다.

NCT로 아이를 가르칠 때 고려할 첫 번째 사항은 아이에게 보여줄 자극제를 선택하는 것이다. NCT에 사용할 자극제를 선택하는 방법은 **개별연속시도 교수법**(Discrete Trial Teaching, DTT)에 사용할 자극제를 선택하는 것과 유사하다. 차이점이 있다면 DTT는 한 번에 한 항목만 가르치지만, NCT는 항목을 10개까지 선택해 가르친다는 점이다. NCT는 간단한 노출만으로도 학습효과가 높아 10개까지 가르쳐도 무방하다. 중요한 점은 10개 항목을 수시로 노출해야 한다는 것이다. 아이가 각각의 항목을 익힐 수 있도록 가능하면 한 시간에 한 번씩 노출하는 것이 좋다.

NCT를 진행할 때 반드시 기억할 몇 가지 사항이 있다. 첫째, 10개 항목을 고를 때 모양과 소리가 전부 다른 것을 선택해야 한다. 비슷한 항목이 없어야 아이가 각각의 항목을 쉽게 구별하기 때문이다. 예를 들면, '문'과 '곰'은 10개 항목에 함께 넣으면 안 된다. '문'을 뒤집으면 '곰'이 되고, '곰'을 뒤집으면 '문'이 되기에 아이가 헷갈릴 수 있다. 영어의 경우 cat와 act를 동시에 가르치면 아이가 혼동할 수 있어 함께 가르치는 것을 피해야 한다.

둘째, NCT로 처음 가르칠 때는 아이가 일상에서 자주 접하는 사물 중심으로 가르친다. 자주 접하는 사물을 미리 가르치면 나중에 아이가 원할 때 요구하는 법까지 가르칠 수 있다. 예를 들어, 아이에게 '사탕', '과자', '초콜릿'을 가르쳤다고 해보자. 아이가 간식을 요구할 때 부모는 구체적으로 아이가 원하는 것을 요구하도록 이끌 수 있다.

이제 본격적으로 NCT를 진행하는 방법을 알아보자. 앞서 설명했듯이 NCT를 진행할 때는 아이에게 가르칠 10개 항목을 무작위로 노출한다. 만약 10장의 사물 사진을 가지고 있다면 시팅을 진행하는 동안 사진의 순서를 계속 바꿔가며 보여주어야 한다. 이때 사진을 매번 같은 순서로 노출하면 아이가 순서를 외워서 맞추게 된다. 사진의 순서를 계속 바꿔야 아이가 각각의 항목에 집중해 사물 이름을 말하는 법을 배우게 된다.

부모는 사진을 들어서 아이에게 보여주고, 아이는 그것을 보기만 하면 된다. 사진 카드는 한 곳에서만 보여주면 안 되고, 새로운 사진을 보여줄 때마다 위치를 바꾼다. 첫 번째 사진을 아이 머리 위에서 보여주었다면 다음에는 아이 왼쪽에서 보여주거나 오른쪽 또는 아래쪽에서 보여주는 방식으로 사진의 위치를 계속 바꾼다. 또 아이가 사진을 볼 때 어려움

| 준비물: 가르칠 항목 10가지 |

| 진행방법 |

정면

오른쪽 또는 왼쪽

위 또는 아래

항목 10가지 예시
사과, 바나나, 치약, 칫솔, 숟가락,
젓가락, 강아지, 고양이, 가방, 컵

아이가 구 안에 있다고 생각하고
카드를 구 표면에 붙인다 상상하며
정면, 양옆, 위, 아래로
카드를 보여준다.
아이가 카드를 보는 순간
카드의 이름을 말한다.

이 없는지 자세히 살펴야 한다. 사진을 보여줄 때 조명이나 햇빛의 반사로 그림이나 글씨가 정확히 보이지 않을 수 있다. 이런 환경적인 요인도 아이의 배움에 방해가 되므로 주의해야 한다.

만약 사진 카드를 들어 아이에게 보여주었는데 아이가 보지 않으면 어떻게 해야 할까? 미숙한 치료사는 '이쪽!' 혹은 '여기 봐!' 하면서 아이의 주의를 끌려고 할 것이다. 인내심이 부족한 부모는 카드를 보게 하려고 손을 뻗어 아이 머리를 돌리기도 한다. 그러나 이런 행동은 절대 하면 안 된다. NCT를 진행하는 부모나 치료사의 가장 큰 문제는 아이를 기다리지 못하는 태도다. 아이가 카드를 볼 때까지 무조건 기다려야 한다. 미숙한 치료사가 자주 범하는 또 다른 실수는 아이가 안 본다고 카드를 아이 눈앞에 들이미는 것이다. 이것 역시 잘못된 대처 방식이다. 얼굴 가까이 물건을 들이대면 누구라도 불쾌한 감정을 느껴 고개를 돌릴 것이다. 부모의 행동에 아이 역시 불편한 기분이 들 것이다. 따라서 카드를 보여줄 때는 아이가 보지 않아도 아이와 충분한 거리를 유지해야 한다.

카드를 보여줄 때는 아이가 거대한 비눗방울에 둘러싸여

있다고 생각하라. 부모는 비눗방울 표면 위에 카드를 붙여서 보여준다고 생각하며 카드를 들어야 한다. 카드를 위에서 보여줄 때는 아이가 카드를 보기 쉽도록 아래로 살짝 기울인다. 카드를 아래에서 들 때는 윗부분을 뒤로 살짝 기울여야 아이가 쉽게 볼 수 있다. 오른쪽에서 들 때는 왼쪽으로 기울이고, 왼쪽에서 들 때는 오른쪽으로 기울인다. NCT로 아이를 가르치려면 카드를 들어 올리는 법까지 정교한 훈련을 받아야 한다. 그렇지 않으면 카드가 아이 시야에 들어오지 않아 좋은 효과를 내기 어렵다.

NCT는 많은 인내가 필요해 부모들이 프로그램 진행을 어려워한다. 일단 카드를 보여준 후에는 아이에게 눈치를 주거나 재촉하지 말아야 한다. 부모는 아이가 볼 때까지 카드를 든 채 기다리고, 기다리고, 또 기다리다가 아이가 카드를 보는 순간 곧바로 카드에 있는 사물 이름(혹은 글자)을 말해준다. 아이가 쳐다보지 않아도 인내심을 잃지 말고 끝까지 기다려야 한다.

NCT 프로그램을 진행할 때 아이에게 허락된 유일한 행동은 아무것도 안 하고 그냥 앉아 있는 것이다. 아무리 발달장애아라도 그렇게 지루하게 앉아서 시간 보내길 원하는 아이는 없다. 차라리 자기 자극을 하거나 장난감을 가지고 놀고 싶어 한다. 시간이 흐르면서 아이는 '자극제를 보는 것 외에 할 수 있는 게 아무것도 없음'을 깨닫는다. 그 사실을 깨닫는 순간 아이는 자리에 앉자마자 자극제를 보기 시작한다. 그동안 가르쳤던 아이들 모두가 그랬다. 이 과정을 거치면서 부모는 아이에게 원하는 학습 양식을 구축할 수 있다. 그러나 NCT를 진행하는 동안 무조건 개입을 금하는 것은 아니다. 아이가 부적절한 행동을 하는 경우 개입해야 한다. 예를 들어, 아이가 손으로 자기 자극 행동을 하면 손을 내리게 한 후 카드를 들어 다시 보여준다. 이처럼 NCT 진행 중 아이가 딴 짓하면 즉시 개입해 중단시킨다.

비수반적 교수법(NCT)의 장점은 아이의 학습 속도에 맞춰 프로그램을 진행하는 것이다. 배움을 강요하지 않으면서도 아이가 표현 언어 사용에 익숙해지도록 이끈다. 실제로 NCT를 진행하다 보면 아이가 치료사를 따라 말하는 모습을 보게 된다. 예를 들어, 자동차 사진을 보여주며 '자동차'라고 하면 아이는 '즈아동차', '자도옹차', '자돈차' 혹은 '자동차'라고 말하며 발성 및 언어 모방을 한다. 아이 중에는 언어 모방을 정확히 하는 아이가 있는가 하면 부모가 카드의 사물 이름을 말하기도 전에 말하는 아이도 있다. 카드를 들어 보여 주자마자 바로 답을 말하는 것이다.

NCT로 가르치면 자폐 아이도 자연스럽게 표현 언어를 사용하게 된다. 무발화 아이의 경우 표현 언어가 쉽게 나오지 않지만, 사물이나 글자 카드를 자주 노출하면 최소한 수용 언어는 익히게 된다. 이렇게 해서 아이가 카드 항목을 익히면 배운 내용을 테스트하는 과정을 거친다. NCT는 노출을 기반으로 한 교수법이다. 아이에게 다양한 항목을 노출할 뿐, 아이가 해당 항목을 제대로 배웠는지는 확인하기 어렵다. 따라서 아이가 해당 항목을 제대로 배웠는지 확인하는 과정이 꼭 필요하다.

그렇다면 아이가 배웠다는 사실을 어떻게 확인할 수 있을까? NCT로 배운 내용은 DTT로 확인할 수 있다. DTT로 확인한다는 것은 아이에게 지시한 후 아이 반응으로 확인한다는 뜻이다. 아이에게 지시하자마자 학습 내용을 정확히 답하면 확실히 아는 것이고, 그 결과 아이는 강화를 받는다. 일반적으로 아이는 자기가 원하는 것을 부모가 갖고 있을 때만 부모의 요구에 반응한다. 자기가 원하는 것을 얻을 수 있을 때만 부모 말을 따르는 것이다. NCT가 노출에 의한 교수법이라면 DTT는 요구와 성과에 기반한 교수법이다. 그런 점에서 DTT는 모든 배움의 종착점이다.

아이가 NCT 진행 중 사물의 이름을 말해도 그 자체로 사물의 이름을 안다고 할 수는 없다. '이게 뭐야?'라고 질문했을 때 아이가 정확히 대답해야만 비로소 아이가 사물의 이름을 아는 것이다. 그러므로 DTT로 배운 내용을 테스트할 때는 매우 구체적인 지시를 내려야 한다. 어떻게 지시를 내릴지는 아이가 배우는 기술이 무엇인지에 따라 다르다. 만약 사물 이름을 말하도록 요구한다면 아이에게 사물 그림 카드를 보여주며 '이게 뭐야?'라고 물으면 된다. 만약 수용 언어로 사물을 식별할 수 있는지 확인하려면 아이 앞에 여러 물건을 놓고 수용지시를 한다. 예를 들어, 사과를 식별하는지 확인하려면 아이 앞에 몇 가지 과일을 두고 '사과 만져!'라고 요구한다. 만약 색깔을 배우는 중이라면 '이거 무슨 색이야?'라고 묻는다. 색깔을 식별하는지 확인하려면 아이 앞에 여러 장의 색종이를 두고 '노랑 만져!' 혹은 '빨강 만져!'라고 한다. 이처럼 노출을 통해 배운 내용을 확인할 때는 아이가 배운 내용에 따라 지시어가 달라진다.

정리하자면 언어와 관련된 내용은 주로 NCT로 가르친다.

NCT로 가르친 내용은 DTT로 확인한다. DTT로 확인하는 방법은 아이가 지시에 따라 배운 내용을 정확히 수행하는지 지켜보는 것이다. DTT로 아이가 배웠음을 확인하면 해당 항목을 숙달 항목(MI)으로 분류한다. 이후 숙달 항목은 계속해서 DTT로 복습한다.

처음에 아이에게 10개의 항목을 가르쳤다고 해보자. 아이가 10개 중 7개 항목을 배웠다면 7개 항목은 NCT 프로그램에서 빼 MI로 넘기고 새로운 항목 7개를 추가한다. 그다음 아이에게는 10개 항목을 다시 주기적으로 노출한다. MI로 넘긴 7개 항목은 DTT로 복습한다. 이것이 언어 프로그램에서 NCT로 시작해 DTT로 이어지는 일련의 과정이다.

8. 놀이

자폐 아이에게 놀이를 가르치는 것이 왜 중요할까? 자폐 아이는 노는 방법을 몰라 하루 중 많은 시간을 무료하게 보낸다. 지루해 죽겠는데 막상 놀려고 해도 방법을 모른다. 아이에게 장난감을 사줘도 제대로 갖고 놀 줄 모른다. 장난감의 기능을 모르니 특정 부분을 반복해 돌리거나 손을 흔드는 자기 자극 행동(혹은 상동행동)만 한다. 자기 자극 행동은 아이가 지루함을 느끼는 데서 시작된다. 지루하게 지내느니 손가락을 만지작거리거나 물건을 두드리며 무료함을 달래는 것이다.

물론 아이가 지루할 때만 자기 자극 행동을 하는 것은 아니다. 두려움과 불안을 느낄 때도 자기 자극 행동을 한다. 손을 펄럭이거나 몸을 앞뒤로 흔드는 자기 자극 행동이 진정 효과를 가져오기 때문이다. 이것은 놀이와는 무관한 행동이다. 놀이와 관련된 자기 자극은 아이가 지루할 때 하는 행동이다. 따라서 아이가 지루함을 극복하려면 놀이 시간을 의미 있게 보낼 줄 알아야 한다.

　놀이는 주의력 향상 및 언어 발달과도 밀접하게 연관되어 있다. 창의적인 문제 해결 능력을 촉진하고 자기관리 및 추리력 향상에도 도움이 된다. 어른의 일상이 일에 둘러싸여 있는 것처럼 아이 삶에는 놀이가 가장 큰 부분을 차지한다. 그러나 노는 방법을 모르거나 적절한 놀이 기술이 없는 아이는 놀이가 가져다주는 모든 긍정적인 혜택들을 누리지 못한다.

　놀이는 아이가 또래와 소통할 수 있는 중요한 수단이기도 하다. 자폐 아이의 사회성을 키워주기 위해서는 반드시 타인과의 상호 작용이 필요하다. 놀이 기술은 또래나 타인과 상호 작용을 매개하는 중요한 도구다. 아이들은 또래와 놀면서 사회성이 현저히 증가한다. 이처럼 놀이 기술은 아이에게 꼭 필요하므로 처음 ABA 치료를 시작할 때 기초 프로그램 안에 반드시 놀이 기술을 넣어야 한다.

문제는 자폐 아이에게 놀이를 가르치는 과정이 복잡해 부모들이 무척 어려워한다는 점이다. 놀이 분야가 다양하고 광범위해 놀이를 선별해 가르치기도 쉽지 않고, 놀이를 가르치는 프로그램 매뉴얼도 없기 때문이다. 놀이를 가르칠 때는 같은 게임이라도 아이 수준에 따라 진행 방식이 달라진다. 아이 각각에 맞춰 세분화해 가르쳐야 한다. 앞으로 소개할 놀이 기술도 정형화된 방법이 아니다. 놀이 프로그램을 세분화해 아이에 맞춰 가르치는 방법을 소개하는 예시에 가깝다. 다시 한번 강조하지만, 모든 프로그램은 세분화할 수 있고, 교육 과정도 얼마든지 수정할 수 있다. 부모가 프로그램을 세분화하고 수정하는 방법을 알아야 자녀에게 무엇이든 제대로 가르칠 수 있다.

체이닝 기술로 퍼즐 가르치기

놀이 가르치는 방법을 소개하기 전에 체이닝(chaining) 개념을 포함해 몇 가지 용어를 알아보자. 체이닝은 일련의 행동을 연결해 하나의 복잡한 행동을 형성하는 것을 말한다.

체이닝에는 전과제 체이닝(total task chaining), 전향 체이닝 (forward chaining), 역향 체이닝 (backward chaining)이 있다. 각각의 개념과 내용을 하나씩 살펴보자.

전과제 체이닝(total task chaining)은 아이가 처음부터 끝까지 전체 과제를 완수하는 것을 말한다. 과제 내용과 상관없이 아이가 과제를 전부 수행하는 것이다. 이 과정에서 부모는 아이가 과제를 완수하도록 단계마다 도움을 제공한다. 아이에게 장난감을 주고 놀게 했다면 놀이를 진행하는 각각의 순서마다 도움을 제공한다. 전과제 체이닝으로 아이에게 장난감 놀이를 가르치면 아이는 놀이 과정 중 특정 단계를 다른 단계보다 빨리 배울 것이다. 그러면 아이가 잘하는 단계에서는 아이에게 주던 도움을 조금씩 제거하고 아직 도움이 필요한 단계에서만 계속 제공한다.

참고로 아이에게 장난감 가지고 노는 법을 가르칠 때 전과제 체이닝 방식은 거의 사용하지 않는다. 놀이를 가르치기 어렵고 시간도 오래 걸리기 때문이다. 일반적으로 전과제 체이닝은 놀이 기술보다는 손 씻기 같은 자기관리 기술을 가르칠 때 많이 사용한다. 손 씻기는 애초부터 부분적인 수행이 불가능하고, 일단 손 씻기를 시작하면 전 과정을 끝마쳐야 한다. 아이는 매일 수시로 손을 씻기에 부모는 손 씻는 과정을 지켜보며 필요한 부분만 적절하게 도와주면 된다. 아이 혼자서 잘할 때까지 도움이 필요한 부분은 돕고, 독립 수행이 가능한 부분은 도움을 제거한다. 이처럼 전과제 체이닝은 처음부터 끝까지 자연스럽게 진행하는 기술에 적합한 방법이다.

이제 전과제 체이닝 진행 방법을 알아보자. 아이에게 퍼즐 맞추는 법을 전과제 체이닝으로 가르친다고 해보자. 우선 모든 퍼즐 조각을 꺼낸다. 그다음 아이가 퍼즐 조각 하나를 집어 판에 맞추도록 도와준다. 나머지 조각들도 아이가 집게 한 후 차례차례 판에 맞추도록 도움을 준다. 아이가 마지막 퍼즐을 맞출 때까지 돕는다. 이 과정을 반복하다 보면 아이는 퍼즐 조립에 점점 익숙해질 것이다. 아이의 눈높이에 맞춰 도움이 필요할 때는 도와주고 독립적으로 수행하는 부분은 혼자 맞추게 한다. 아이 스스로 조립이 가능한 부분에서는 점차 도움을 제거한다. 아이 혼자 퍼즐을 완성할 때까지 계속해서 도움을 줄여나간다. 전과제 체이닝으로 아이 혼자 퍼즐을 맞추게 하려면 도움을 없애는 과정을 체계적으로 진행해야 한다.

두 번째로 전향 체이닝(forward chaining)에 대해 알아보자. 전향 체이닝은 말 그대로 순서대로 가르치는 방식이다. 모든 과정 중 첫 단계를 아이 스스로 성공할 때까지 계속 도와준다. 아이가 1단계를 스스로 할 수 있어야 다음 단계로 넘어갈 수 있다. 아이 혼자 1단계를 수행하게 되면 2단계로 넘어간다. 1단계와 마찬가지로 2단계도 아이 혼자 과제를 수행할 때까지 계속 돕는다. 아이가 2단계 과제도 스스로 수행하면 3단계로 넘어간다. 3단계도 아이 혼자 과제를 수행하면 계속 단계를 추가해 진행한다. 또 각각의 단계마다 아이 혼자 과제를 완수할 때까지 계속 도움을 제공한다.

전향 체이닝을 적용한 놀이 기술을 가르치는 방법은 다음과 같다. 전향 체이닝으로 퍼즐 놀이를 가르친다고 해보자. 우선 아이가 첫 번째 퍼즐을 스스로 맞출 때까지 해당 퍼즐 조각만 가지고 연습한다. 연습을 통해 아이가 첫 번째 퍼즐을 스스로 맞추면 놀이를 멈추고 과제를 마친다. 아무 도움 없이 아이 스스로 능숙하게 첫 번째 퍼즐을 맞출 때까지 이 과정을 반복한다. 이렇게 해서 아이가 첫 번째 퍼즐 조각을 능숙하게 맞추면 두 번째 퍼즐 조각 맞추는 연습을 한다. 아이가 두 번째 퍼즐 조각을 맞추면 놀이를 멈추고 과제를 마친다. 아이가 두 개의 퍼즐 조각을 혼자 능숙하게 맞출 때까지 연습을 반복한다. 아이가 잘 따라오면 첫 번째 두 번째 퍼즐 조각을 아이 스스로 맞추게 하고, 세 번째 퍼즐 조각은 촉구를 주어 맞추게 한다. 이번에도 아이가 세 개의 퍼즐 조각을 능숙하게 맞출 때까지 계속해서 연습한다. 세 번째 퍼즐 조각까지 아이 혼자 능숙하게 맞추면 네 번째 퍼즐 조각으로 넘어간다. 이런 식으로 퍼즐 조각을 계속 추가하다 보면 마지막 단계에서는 아이 스스로 퍼즐을 전부 다 맞출 것이다.

전향 체이닝 역시 아이에게 장난감 가지고 노는 법을 가르칠 때는 거의 사용하지 않는다. 아이가 놀이를 끝까지 하지 않고 한두 단계만 진행하고 멈추는 것이 부자연스럽기 때문이다. 또 놀이를 끊어서 가르치는 전향 체이닝은 아이로부터 놀이의 흥미를 빼앗을 수 있다.

전과제 체이닝과 전향 체이닝 모두 놀이 기술에 적합하지 않다. 반면에 역향 체이닝(backward chaining)은 놀이 기술에 가장 적합한 방법이다. 역향 체이닝은 전향 체이닝과 정반대다. 전향 체이닝은 첫 단계부터 시작하지만, 역향 체이닝은 마지막 단계부터 시작한다. 아이가 단계별로 스스로 할 때까지 도움을 주는 전향 체이닝과 진행 방법은 같다. 다만 마지

역향 체이닝(backward chaining) 퍼즐 예시

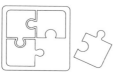

퍼즐 4조각 중
마지막 한 조각을 맞추도록 한다.

퍼즐 4조각 중
마지막 두 조각을 맞추도록 한다.

퍼즐 4조각 중
세 조각을 맞추도록 한다.

퍼즐 4조각 모두
맞추도록 한다.

막 단계부터 아이 스스로 과제를 수행할 수 있게 돕는다는 점이 다르다. 마지막 단계를 아이 스스로 수행하면, 끝에서 두 번째 단계를 아이 스스로 할 때까지 돕는다. 끝에서 두 번째 단계를 아이 스스로 수행하면, 끝에서 세 번째 단계로 넘어간다. 이렇게 역방향으로 아이의 독립 수행을 도우며 단계를 늘려나간다.

역향 체이닝을 적용해 퍼즐을 가르치는 방법을 살펴보자. 역향 체이닝은 완성된 퍼즐에서 퍼즐 한 조각을 빼낸 후 아이가 해당 조각을 맞추도록 촉구를 주는 것이 첫 단계다. 아이가 마지막 퍼즐 조각을 맞추면 과제가 끝난다. 마지막 퍼즐 조각을 맞추면 퍼즐이 완성되기에 자연스럽게 놀이도 마치게 된다. 놀이를 마치면 아이에게 장난감이나 놀이도구 치우는 법을 가르치기도 한다. 아이가 마지막 퍼즐 조각을 스스로 맞추면, 다음 단계에서는 완성된 퍼즐에서 두 개의 퍼즐 조각을 뺀 후 아이가 두 개의 퍼즐 조각을 맞추게 한다. 아이가 새로 추가된 퍼즐 조각을 맞출 때는 촉구를 주고, 마지막 퍼즐 조각은 아이 스스로 맞추게 한다. 아이가 두 개의 퍼즐 조각을 능숙하게 맞출 때까지 같은 과정을 반복해서 연습한다.

연습을 통해 추가된 퍼즐 조각을 아이 스스로 잘 맞추면 다음 단계에서는 완성된 퍼즐에서 세 개의 퍼즐 조각을 뺀다. 앞의 과정과 똑같이 아이가 세 번째 퍼즐 조각을 맞출 때는 촉구를 주고, 마지막 두 개의 퍼즐 조각은 아이 스스로 맞추게 한다. 아이가 추가된 퍼즐 조각을 부모 도움 없이 스스로 맞출 때마다 빼내는 퍼즐 조각 수를 계속 늘린다. 아이 혼자서 퍼즐 전체를 맞출 때까지 이 과정을 반복한다. 역향 체이닝은 퍼즐을 포함해 아이에게 놀이를 가르칠 때 가장 유용한 방법이다.

역향 체이닝 외에 아이가 복잡한 퍼즐을 맞출 때 사용하는 유용한 기술이 또 하나 있다. 이 고급 기술은 30조각 이상의 퍼즐을 맞출 때 주로 사용한다. 이 기술의 첫 번째 단계는 아이가 퍼즐 조각을 '모서리', '테두리', '안'으로 분류하는 것이다. 아이가 퍼즐 조각을 위치에 따라 분류한 후에는 분류한 퍼즐을 모서리, 테두리, 안 순서로 맞추게 한다. 퍼즐을 가장 쉬운 부분에서 시작해 어려운 부분으로 확장해 가는 전략이다. 분류 기술을 가르칠 때는 아이에게 퍼즐 전략을 이해시키는 것이 중요하다. 이 경우 아이가 이전에 시도해 본 적 없는 퍼즐을 사용하는 것이 좋다. 아이에게 익숙한 퍼즐은 기억력에 의존해 바로 맞출 수 있어 전략을 사용할 필요가 없기 때문이다.

퍼즐 종류에는 조각이 크고 손잡이가 부착된 쉬운 퍼즐, 손잡이 없는 큰 조각의 퍼즐, 미세한 소근육 움직임이 필요한 작은 조각의 퍼즐 등이 있다. 이 중에서 아이에게 맞는 쉬운 퍼즐로 가르치기 시작한다. 쉬운 퍼즐을 부모 도움 없이 아이 혼자서 끝까지 맞추게 한다. 아이가 쉬운 퍼즐을 부모 도움 없이 끝까지 맞추면 과제에 성공한 것이다. 쉬운 퍼즐 조립에 성공하면 조금씩 복잡한 퍼즐로 넘어간다. 최종적으로 아이가 직소 퍼즐을 맞출 수 있을 정도로 실력이 향상되어야 한다.

퍼즐 외에도 체이닝으로 가르칠 수 있는 놀이는 많다. 주로 역향 체이닝으로 놀이를 가르치지만, 다른 체이닝을 사용하기도 한다. 방식보다 중요한 것은 다양한 놀이 활동을 가르치기 위해 많은 시간과 에너지를 투자하는 것이다. 체이닝은 시작과 끝이 명확한 기본적인 장난감 놀이를 가르칠 때 유용하다.

그렇다면 보드게임이나 카드 게임처럼 복잡한 놀이는 어떻게 가르칠까? 우선 아이가 해당 게임을 하기 위해 갖춰야 할 기술이 무엇인지 파악한다. 그 기술을 파악했다면 아이에게 필요한 기술을 하나씩 차례차례 가르친다.

물론 각각의 기술은 시간의 흐름에 따라 수준을 조금씩 높여 가르쳐야 한다. 그 과정에서 아이가 어려워하는 기술이 있다면 아이가 배울 수 있도록 계속해서 새로운 방법을 찾아 적용해야 한다.

가위바위보

가위바위보는 세계적으로 가장 잘 알려진 익숙하고 친숙한 게임이다. 가위바위보 자체를 게임으로 즐기기보다는 편을 가르기나 순서를 정하는 데 사용한다. 그런 점에서 가위바위보는 게임을 준비하는 게임이라고 할 수 있다. 가위바위보 게임에도 일반 놀이를 가르치는 방법을 똑같이 적용한다. 앞서 설명했듯이 놀이를 가르칠 때는 전체 프로그램을 살펴본 후 아이에 맞춰 세분화해 가르친다. 이 방법을 적용해 가위바위보 가르치는 방법을 소개하겠다.

가위바위보를 하려면 우선 아이가 가위, 바위, 보 형태의 손 모양을 만들 수 있어야 한다. 우선 부모는 동작 모방으로 아이에게 손 모양 만드는 법을 가르친다. 부모가 손 모양을 보여주면 아이가 부모의 손 모양을 보고 가위, 바위, 보를 따라 하며 명칭도 외치게 한다.

손 모양을 가르친 후에는 손을 내밀기 전에 머리 뒤로 올렸다가 내리는 준비 동작을 가르친다. 내가 자란 동네에서는 손을 내밀면서 다른 손바닥 위에 내리치는 동작도 했다. 이처럼 가위바위보 게임은 지역마다 진행 방식이 달라 아이가 사는 지역 방식을 따르면 된다.

아이가 가위, 바위, 보, 손 모양을 만들고 손을 내미는 방법까지 익혔다면, 지시한 대로 손 모양을 만들어 내는 것을 가르친다. 진행 방식은 부모가 '바위 내!'라고 말하면 아이는 바위를 보여줘야 한다. 부모가 '가위 내!'라고 말하면 아이는 가위를 보여줘야 한다. 마찬가지로 부모가 '보자기 내!'라고 말하면 아이는 보자기를 내야 한다. 아이가 빠르고 정확하게 지시를 따를 때까지 반복해서 연습한다. 그다음 게임 구호인 '가위바위보!'라고 외치는 것을 가르친다. 가위바위보는 손을 내밀기 전 준비 동작에서 외친다는 것도 함께 알려 준다.

여기까지 아이가 잘 따라오면 마지막 단계에서는 아이가 배운 동작을 통합해서 연습한다. 부모가 지시를 내리면 아이는 이제까지 배운 내용을 적용해 실행한다. 부모가 '바위 내!'라고 말하면 아이는 '가위바위보!'라고 외치며 바위 모양의 손을 내야 한다. 마찬가지로 부모가 '보자기 내!'라고 말하면 아이는 '가위바위보!'라고 외친 후 보자기 모양의 손을 내야 한다. 부모가 지시한 동작을 아이가 정확히 수행하면 가위바위보 게임 기술을 완전히 배운 것이다.

아이가 가위바위보 게임 방법을 익혔다면 다음으로 누가 이겼는지 판단하는 법을 가르친다. 미국에서는 '바위는 가위를 부순다', '가위는 보자기를 자른다', '보자기는 바위를 덮는다' 같은 내용을 가르쳐 둘 중 어떤 손 모양이 이기는지 이해시킨다. 어떤 손 모양이 이기는지 아이가 판단할 수 있으면 다음으로 이긴 사람을 식별하는 법을 가르친다. 승자와 패자를 구별하는 법을 가르칠 때는 아이에게 친숙한 사람들의 사진으로 상황 설정을 한다. 혹은 장난감들이 서로 대결하는 상황 설정을 할 수도 있다. 이때 가위, 바위, 보 모양의 사진이나 그림도 같이 준비한다. 모든 준비를 마쳤다면 부모는 '가위바위보!'라고 외친 후 세 개의 손 모양 카드 중 두 개를 선택해 인물 사진(혹은 장난감) 앞에 각각 둔다. 아이는 손 모양 카드를 보고 어떤 사람(혹은 장난감)이 이겼는지 맞혀야 한다.

연습을 통해 아이가 틀리지 않고 이긴 대상을 정확히 맞히면 본격적으로 아이와 게임을 진행한다. 처음에는 세 개의 손 모양 카드로 게임을 진행하는 편이 낫다. 가위, 바위, 보 손 모양 카드 두 세트를 준비해 부모와 아이가 각각 하나씩 갖는다. 부모와 아이는 세 개의 카드 중 한 장을 선택한 후 준비 동작을 취한다. 동시에 '가위바위보!'라고 외치며 각자의 카드를 동시에 내민다. 아이는 부모와 자기가 내민 각각의 카드를 보고 누가 승자인지 맞힌다. 승자에게 보상이 주어지면 아이는 게임에 더 집중할 것이다. 아이가 이 과정을 능숙하게 해내면 손 모양 카드를 치우고 손동작으로 가위바위보 게임을 진행한다.

메모리 게임

메모리 게임에 필요한 핵심 기술은 카드 짝을 찾아 맞추는 것이다. 그림이 일치하는 카드를 찾으면 카드를 모아서 보드에서 치운다. 메모리 게임에서는 이 과정이 가장 중요하기 때문에 카드 짝 맞추는 기술을 가장 먼저 가르친다. 우선 짝이 맞는 카드 두 장을 앞면이 보이는 상태로 아이에게 계속 제시한다. 그러면 아이는 두 장의 카드를 모아 옆으로 옮겨야 한다. 아이가 이 기술을 능숙하게 구사할 때까지 연습을 반복한다.

다음 단계에서는 일치하지 않는 한 쌍의 카드를 어떻게 처리할지 가르친다. 먼저 아이를 불러 짝이 맞지 않는 카드 두 장을 앞면이 보이게 제시한다. 아이가 앞에 있는 두 장의 카드가 다른 것을 확인하면 두 카드를 뒤집게 한다. 일치하는 카드는 모아서 옆으로 치우고, 일치하지 않는 카드는 뒤집는 두 가지 기술을 아이가 익힐 때까지 연습을 반복한다.

아이가 두 기술을 틀리지 않고 정확하게 수행하면 다음 단계에서는 두 기술을 섞어서 진행한다. 한번은 그림이 같은 카드 한 쌍을 제시해 아이가 카드 두 장을 모아 옆으로 치우게 한다. 한번은 그림이 다른 카드 한 쌍을 제시해 아이가 두 장의 카드를 뒤집도록 한다. 두 기술을 섞어서 진행해도 아이가 틀리지 않고 정확히 실행할 때까지 연습을 계속한다. 어떤 카드가 제시되든 두 장의 카드가 일치하면 모아서 치우고 일치하지 않으면 카드를 뒤집을 수 있어야 한다.

다음 단계에서는 카드를 뒤집은 상태로 제시해 아이가 카드를 직접 뒤집게 하는 과정을 추가한다. 아이는 카드를 뒤집은 뒤 전 단계에서 배운 내용을 그대로 실행해야 한다. 즉, 카드 짝이 일치하면 모아 치우고, 일치하지 않으면 도로 뒤집어야 한다.

여기까지 아이가 잘 따라오면 카드를 세 장으로 늘린다. 카드를 세 장 제시하는 단계에서는 카드 세 장 중 두 장만 선택해 뒤집는 기술을 가르쳐야 한다. 만약 이 기술을 가르치지 않으면 아이는 카드 세 장을 모두 뒤집으려 한다. 부모는 아이가 세 장의 카드 중 두 장만 선택해서 뒤집게 한다. 세 장

중 두 장의 카드를 뒤집어 둘이 일치하면 옆으로 치우고 일치하지 않으면 다시 뒤집게 한다. 세 장의 카드를 제시했을 때 아이가 과제를 잘 수행하면 카드 수를 네 장으로 늘린다.

카드가 네 장으로 늘어나면 새로 배워야 할 기술과 규칙도 늘어난다. 우선 아이가 네 장의 카드 중 선택한 카드 두 장을 뒤집어 짝이 맞으면 나머지 두 장도 아이가 뒤집을 수 있다. 그러나 처음에 뒤집은 두 장의 카드가 일치하지 않으면 두 카드를 다시 뒤집어야 하고, 카드를 뒤집는 선택권이 부모에게 넘어간다. 카드 짝을 맞추지 못하면 차례가 바뀐다는 사실을 아이가 이해할 때까지 연습해야 한다. 차례가 부모에게 넘어오면 부모가 남은 짝을 모두 찾아서 게임을 끝낼지 일부러 짝을 틀려서 차례를 다시 아이에게 넘길지 결정한다. 아이가 차례 지키는 법을 배우는 동안 카드 장수를 늘릴 수 있다. 카드 장수가 몇 장이 되든 아이는 카드 짝이 일치하지 않으면 카드를 뒤집는 선택권이 상대에게 넘어간다는 사실을 알아야 한다. 반대로 카드 짝이 일치하면 모아서 한쪽에 치우고 다시 카드를 뒤집을 수 있다는 사실도 알아야 한다. 아이가 메모리 게임을 제대로 이해할 때까지 앞의 과정을 반복해서 연습한다. 여기까지 아이가 잘 따라오면 이후로는 아이

메모리 게임 예시

①

카드 두 장을 뒤집어 같은 그림이 나오면
같은 그림의 카드 두 장을 겹쳐서 옆으로 치운다.

②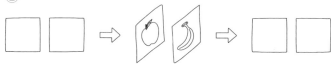

카드 두 장을 뒤집어 다른 그림이 나오면
다른 그림의 카드 두 장을 다시 뒤집어 놓는다.

③

 카드 세 장 중 두 장을 뒤집어 같은 그림이 나오면
같은 그림의 카드 두 장을 겹쳐서 옆으로 치운다.

④

 카드 세 장 중 두 장을 뒤집어
다른 그림이 나오면 다시 뒤집어 놓는다.

혼자 메모리 게임을 하며 놀게 한다.

　메모리 게임을 할 때 아이들은 크게 두 가지 반응을 보인다. 먼저 게임하는 동안 승부에 관심이 없는 아이가 있다. 게임에서 이기든 지든 전혀 신경 쓰지 않는 것이다. 경쟁이 필요한 게임에서 승리욕이 없는 아이는 당연히 문제가 된다. 게임을 즐기지 못하기 때문이다. 따라서 경쟁에 무관심한 아이를 위해 승리욕을 끌어내는 장치가 필요하다. 아이가 좋아하는 상품을 걸고 게임하는 방법이 대표적이다. 아이가 좋아하는 간식을 걸고 게임한 후 이긴 사람이 간식을 전부 차지하고, 게임에 진 사람은 간식을 조금도 얻지 못하게 한다. 만약 아이가 게임에서 져 간식을 얻지 못하면 아이는 약이 올라 게임에 적극적으로 임할 것이다. 이처럼 우승 상품을 강화제로 활용하면 아이의 경쟁심을 끌어올릴 수 있다.

　반대로 경쟁심이 지나쳐 문제가 되는 아이도 있다. 이런 아이는 게임에서 지는 순간 물건을 집어 던지며 난리를 친다. 만약 당신의 자녀가 게임에서 질 때마다 심술을 부리면 그 누구도 아이와 같이 놀려고 하지 않을 것이다. 따라서 패배를 순순히 받아들이는 스포츠맨십을 길러주어야 한다. 아이의 스포츠맨십을 기르려면 패배를 받아들일 때 상을 주는 방식을 적용한다. 처음에는 아이가 게임에 진 후 소리치거나 울지 않고 적절한 행동만 해도 상을 준다. 이때 아이에게 주는 상은 간소해야 한다. 아이의 행동이 좋아질수록 아이에게 요구하는 행동 기준을 높이고, 더 큰 보상을 주어야 한다.

지금까지 메모리 게임 방법을 가르치는 전체 과정을 설명했다. 모든 게임은 각각의 규칙과 특성이 있지만, 기술 및 구성 요소를 세분화해 가르치는 것이 ABA의 중요한 원칙이다. 각 기술 및 구성 요소를 따로 가르치다가 아이가 기본 과정을 잘 수행하면 기술 수준을 높이거나 더 많은 요소를 추가할 수 있다.

할리갈리 컵스

이번에 소개할 놀이는 할리갈리 컵스다. 할리갈리 컵스는 아이들에게 가장 인기 있는 보드게임 중 하나다. 보드게임을 가르칠 때는 아이가 최대한 쉽게 배울 수 있도록 게임의 전 과정을 세분화해서 개별적으로 가르쳐야 한다.

게임을 세분화해 가르치려면 다음과 같은 과정을 거쳐야 한다. 우선 아이가 게임할 때 필요한 요소가 무엇인지 파악한다. 게임의 세부 요소를 살펴본 후 아이에게 가르칠 부분을 식별한 다음 가장 간단한 부분부터 차례대로 가르친다. 아이가 숙달할 때까지 각각의 게임 요소를 개별적으로 가르친 후 모든 요소를 통합해 게임을 진행한다. 이 과정은 아이에게 보드게임을 가르칠 때마다 똑같이 적용하는 내용이다. 여기서 중요한 것은 어떻게 게임을 분석하고 쪼갤지 알아야 한다는 것이다. 이것을 알아야 각각의 구성 요소를 개별적으로 가르칠 수 있다. 할리갈리 컵스 게임으로 이 과정을 구체적으로 살펴보자.

할리갈리 컵스 게임에서 가장 중요한 기술은 '컵 쌓기'다. '컵 쌓는 게 뭐가 어렵다는 거야?'라고 생각할 수도 있지만, 할리갈리 컵스에서 컵 쌓기는 정교한 기술이 필요하다. 이 기술을 배우지 못하면 아이는 컵을 제대로 잡지 못할 뿐만 아니라 컵을 쌓는 과정에서 아래쪽의 컵을 쓰러뜨리게 된다. 따라서 가르치는 사람은 아이가 컵을 올바른 기술로 쌓고 있는지 반드시 확인해야 한다.

그렇다면 어떻게 컵을 쌓아야 할까? 가장 중요한 기술은 아이가 컵을 잡고 다음 컵으로 옮겨 쌓을 때마다 컵을 잡은 손을 아래로 내려서 새끼손가락으로 가장 아래 컵을 잡게 하는 것이다. 연습 방법은 다음과 같다. 아이가 첫 번째 컵을 손 전체로 잡게 한 후 새끼손가락을 맨 아래 두게 한다. 그 상태에서 다음 컵으로 옮겨 쌓으면서 손을 아래로 살짝 내리며 새끼손가락으로 아래 컵을 잡게 한다. 세 번째, 네 번째, 다섯 번째 컵을 쌓을 때도 같은 방식으로 손을 아래로 내리면서 새끼손가락으로 맨 밑의 컵을 잡게 한다. 이것이 할리갈리 컵스에서 가장 중요한 기술이다.

처음 컵 쌓기 기술을 가르칠 때 컵 쌓는 속도는 신경 쓰지 않는다. 컵을 제대로 쌓는지가 중요하다. 컵을 제대로 쌓으려면 아이가 힘을 적절하게 사용해야 한다. 컵을 너무 세게 내려놓으면 컵이 사방으로 날아가기 때문이다. 필요하다면 촉구를 제공해 아이가 컵 쌓기에 성공하도록 한다. 아이가 빠르고 정확하게 컵을 쌓으려면 컵 쌓기의 기본 원칙에 충실해야 한다. 컵을 정확하게 잡고 손을 살짝 내리면서 새끼손가락으로 맨 아래 컵을 잡게 한다.

아이 실력이 조금 향상되었다고 곧바로 다음 단계로 넘어가선 안 된다. 보통 부모들은 아이가 웬만큼 컵을 쌓게 되면 바로 실전에 들어가는데, 바람직한 태도가 아니다. 너무 서두르면 아이가 각 과정을 독립적으로 수행하지 못해 항상 부모 도움에 의지하게 된다. 아이의 독립 수행을 위해 천천히 기본기를 다지며 진행하는 것이 좋다. 아이가 첫 단계를 잘 해야 두 번째 단계도 수월하게 할 수 있다. 아이를 가르칠 때는 항상 속도가 아닌 숙련도에 중점을 두어야 한다.

아이가 컵 쌓기에 능숙해지면 다음 단계로 넘어간다. 두 번째 단계에서는 '컵 배열하기'를 가르친다. 컵 배열하기는 색상이 다른 다섯 개의 컵을 같은 순서대로 나란히 놓는 것이다. 컵을 배열할 때는 컵의 간격을 적절하게 유지하는 것이 중요하다. 각각의 컵이 적당한 간격을 유지해야 실제 게임에서 유리한 플레이를 할 수 있기 때문이다. 만약 컵이 한 곳에 뭉쳐 있으면 컵을 잡아서 옮길 여유 공간이 없어 컵들이 쓰러지거나 흐트러진다. 반면에 컵의 간격이 너무 떨어져 있으면 동작이 느려져 게임을 효율적으로 진행하기 어렵다.

컵 배열을 연습하는 또 다른 이유는 아이가 컵 배열에 익숙해지면 나중에는 컵을 보지 않아도 컵의 위치를 기억하기 때문이다. 컵의 위치를 기억하면 게임할 때 컵의 위치를 직접 눈으로 확인할 필요가 없다. 각 색상의 컵이 어디에 있는지 알기에 직감적으로 움직인다. 만약 게임 때마다 컵을 임의로 배치하면 컵의 순서가 바뀌어 특정 색상의 컵이 어디에 있는지 카드와 일일이 대조하며 게임을 해야 한다. 당연히

색상이 다른 다섯 개의 컵을 나란히 배열한다.
이때 컵의 색상 순서는 늘 같은 자리에 배치한다.

컵 색깔을 반영한 그림판으로 촉구를 준다.

게임을 속도감 있게 진행하기 어렵다. 컵을 배치할 때 각 색상의 컵을 순서대로 배치해야 카드만 보고도 원하는 색상의 컵을 쉽게 찾아낼 수 있다.

처음에 컵 배열을 수월하게 진행하려면 컵 색깔을 반영한 그림판으로 촉구를 주어야 한다. 위의 그림처럼 종이 위에 배치할 컵 색깔의 원을 일정 간격으로 그려 넣은 그림판을 두고 시작한다. 이 그림판을 사용하면 아이는 어렵지 않게 정해진 위치에 각각의 색상에 맞는 컵을 둘 수 있다. 처음의 빨간 원에 빨간 컵, 두 번째 노란 원에 노란 컵, 세 번째 초록 원에 초록 컵, 네 번째 원에 파랑컵, 다섯 번째 원에 검정 컵을 순서대로 컵을 두게 한다. 색깔별로 원이 그려진 자극제를 사용하면 아이들 대부분은 어렵지 않게 컵을 일정 간격으로 배치할 수 있다.

할리갈리 컵스 게임을 한다고 가정하고 게임 도구를 배치해 보자. 컵 쌓기에 성공했을 때 치는 종은 중앙에 두고, 종의 우측에 카드를 엎어 놓는다. 종 아래에 그림판을 놓고 그 위에 색깔에 맞춰 각각의 컵을 놓는다. 할리갈리 컵스를 처음 가르칠 때는 이렇게 세팅한 후 연습을 시작하는 것이 좋다. 아이가 컵 배열을 능숙하게 하면 게임에도 노출한다. 노출은 실제로 게임을 한다는 뜻이 아니고 아이가 무엇을 해야 하는지 알려주는 과정이다. 게임 진행 과정을 보여주면서 아이가 게임할 수 있도록 돕는다.

우선 카드를 뒤집은 후 카드에 있는 그림 색깔을 가리키며 '검은색이네'라고 색깔을 말해준다. 동시에 그 말을 들은 아이가 직접 검은색 컵을 잡게 한다. 아이가 첫 번째 컵을 잡으면 다음 색으로 넘어간다. '이건 빨간색이네. 빨간 컵은 어디 있지?'라고 하면 아이는 검은색 컵을 빨간색 컵 위에 쌓는다.

카드에 있는 그림의 다음 색깔을 알려주면 아이가 그 색깔의 컵을 찾아 쌓고, 다음으로 나온 색깔을 알려주면 그 색깔의 컵을 찾아 쌓게 한다. 컵을 다 쌓으면 마지막으로 가운데 종을 치게 한다. 종은 컵을 잡지 않은 손으로 울려야 한다. 우세 손으로 컵을 쌓고, 비우세 손으로 종을 치게 한다. 마무리는 당연히 강화다. 강화는 가장 중요한 요소이므로 절대 잊지 말아야 한다.

연습을 통해 아이가 독립적으로 컵을 배열하면 종이 위의 원을 하나씩 제거한다. 다섯 가지 색깔의 원이 있는 그림판에서 끝에 있는 원을 하나 잘라 네 개의 원만 남긴다. 이 상태에서 아이는 다섯 번째 컵을 원래 자리에 두어야 한다. 아이가 정확한 위치에 컵 놓는 것을 어려워하면 촉구를 주어 놓을 위치를 알려준다. 촉구는 아이에게 도움이 필요할 때만 준다. 원이 빠진 곳에 아이 스스로 컵을 놓으면 그때부터 촉구를 제거한다. 촉구 없이도 아이가 컵을 어디에 놓아야 하는지 알기 때문이다. 남아있는 네 개의 원에는 처음부터 아이 혼자 컵을 놓게 한다. 여기까지 아이가 잘 따라오면 다음 단계로 넘어간다.

부모들의 이해를 돕기 위해 각 단계의 목표를 정리하고 넘어가자. 첫 번째 단계의 목표는 아이가 컵을 일정한 간격으로 정확한 위치에 세팅하는 것이다. 이 목표를 위해 시작 단계에서는 색깔별로 원이 그려진 종이판을 놓고 컵을 놓게 한다. 종이판이 촉구 역할을 하기에 종이판을 없애야 궁극적으로 목표에 도달하는 것이다. 따라서 첫 번째 목표는 색깔별 원이 그려진 종이판을 없애는 것이라 해도 무방하다.

두 번째 단계의 목표는 컵을 다 쌓자마자 재빨리 비우세 손으로 종을 치는 것이다. 할리갈리 컵스에서는 신속하게 종을 쳐야 이길 수 있다. 속도를 높이기 위해서는 컵을 쌓고 종을 치는 행동이 연속적으로 이루어져야 한다. 연속적인 동작을 위해서는 우세 손으로 컵을 쌓고 비우세 손으로는 종을 쳐야 한다. 이것도 처음 가르칠 때는 아이가 마지막 컵을 쌓는 순간 신속하게 종을 치도록 촉구를 주어야 한다.

세 번째 단계의 목표는 부모 도움 없이 아이 혼자 그림 카드를 보면서 순서대로 컵을 쌓는 것이다. 할리갈리 컵스 게임에는 다양한 종류의 카드가 있다. 세로 쌓기 카드, 가로 배열 카드, 세로 쌓기와 가로 배열을 혼합한 카드가 있다. 처음에는 셋 중에서 가장 쉬운 세로 쌓기 카드로 연습한다. 이때 꼭 기억할 점이 있다. 아이가 가장 쉬운 세로 쌓기를 독립적으로 수행하기 전까지는 다음 단계로 넘어가선 안 된다. 또 부모는 아이가 게임을 하는 내내 찔끔찔끔 도와주는 행동은 삼가야 한다. 사소한 도움을 계속해서 제공하기보다는 아이가 독립적으로 과제를 수행하도록 이끌어야 한다.

그림 카드를 보고 컵 쌓기를 할 때는 기본적인 세팅이 중요하다. 그림 카드를 뒤집으면 가장 쉬운 세로 쌓기 카드가 나오게 세팅한다. 카드를 뒤집어 세로 쌓기 카드가 나오면 아이는 그것을 보고 바로 컵 쌓기를 실행해야 한다. 그림 카드를 보는 순간 아이는 무엇을 해야 하는지 알아야 한다. 이것이 컵 쌓기의 첫 번째 목표다. 아이가 이 부분을 충분히 숙지했다면 본격적으로 컵 쌓기를 한다. 컵 쌓기는 아이가 처음부터 정반응을 보이도록 시작 단계부터 촉구를 주어야 한다. 첫 번째 색깔의 컵을 잡을 때 어떤 컵을 잡을지 포인팅으로 알려주고, 두 번째 색깔의 컵을 잡을 때도 포인팅으로 알려준다. 이렇게 해서 아이가 컵을 전부 쌓으면 바로 종을 울리도록 촉구를 준다. 아이가 성공적으로 종을 치면 강화를 주고 프로그램을 마친다.

아이가 세로 쌓기를 잘하면 다음으로 가로 배열 카드를 진행한다. 가로 배열 카드는 새로운 시도이므로 처음에는 촉구를 주어 정반응으로 이끌어야 한다. 카드를 뒤집은 후 카드에 있는 첫 번째 색깔의 컵을 가리켜 아이가 잡게 한다. 아이가 컵을 잡으면 어디에 놓을지 위치를 알려준다. 아이가 컵을 잘 놓으면 카드의 두 번째 색깔로 넘어간다. 이번에도 두 번째 색깔의 컵을 알려주고, 아이가 컵을 잡으면 어디에 놓을지 알려준다. 아이가 컵을 잘 놓으면 카드의 세 번째 색깔로 넘어간다. 다섯 개 컵을 모두 배열할 때까지 앞의 과정을 반복한다. 컵 배열을 마치면 종을 치게 한 후 강화를 준다. 이후 점차 촉구를 빼면서 아이 스스로 진행할 때까지 연습을 반복한다.

여기까지 프로그램이 잘 진행되면 아이의 게임 실력을 향상하기 위한 다양한 시도가 필요하다. 무엇보다 아이의 게임 속도를 높이기 위한 노력이 필요하다. 게임 속도를 높이는 방법으로는 주로 타이머를 사용한다. 게임을 시작하기 전에 타이머를 맞춰 일정 시간 안에 게임을 마치도록 하는 방법이다. 아이가 정해진 시간에 게임을 마치면 시간을 점차 줄여 게임 속도를 계속 높인다.

할리갈리 게임도 마지막 단계에서는 아이의 승부 근성을 키워줘야 한다. 승부 근성을 자극하는 가장 좋은 방법은 이긴 사람에게 상을 주는 것이다. 이긴 사람에게 상을 주면 아이는 상을 받기 위해 더 열심히 게임에 참여한다. 반면에 상을 받게 하려고 무조건 아이에게 져주면 안 된다. 아이는 게임에서 이기는 법뿐만 아니라, 지는 법도 배워야 하기 때문이다. 유독 지는 것을 못 견디는 아이에게는 스포츠맨십 상을 부여한다. 스포츠맨십 상은 패배를 깨끗이 인정할 줄 아는 사람에게 주는 상이다. 이 상을 통해 아이는 패배를 받아들이는 법을 배울 것이다.

할리갈리 컵스 게임의 진행 방법도 기본적인 게임 진행 원리에서 벗어나지 않는다. 지금까지 설명한 게임의 진행 순서는 반드시 지켜야 할 철칙이 아니다. 실제 아이를 가르칠 때는 아이와 부모의 상황에 따라 게임 진행 방식을 변경할 수 있고, 변경해야 한다.

모방 놀이

아이를 키워 본 부모들은 잘 알 것이다. 남자아이와 여자아이의 놀이 방식이 완전히 다르다는 것을. 남자아이들이 노는 것을 자세히 보면 요란한 행동을 동반한 놀이가 많다. 놀이 자체가 시끄럽고 과격하다. 한번 소리를 낼 때마다 보통

3~4개의 동작을 수반한다. 반면에 여자아이들의 놀이는 주로 언어 사용에 기반한다. 역할놀이가 대표적이다. 서로 엄마, 아빠, 아기 역할을 정해 노는 경우가 많다. 놀이 자체도 일상생활에서 일어나는 일을 주로 반영한다. 남자아이들과 정반대로 여자아이들은 한 동작을 취할 때마다 3~4개의 문장을 사용한다. 직접 놀이를 가르치기 전까지 부모들은 이 사실을 깨닫지 못할 때가 많다.

물론 여자아이처럼 노는 남자아이가 있고, 남자아이처럼 노는 여자아이도 있다. 이런 아이들도 또래를 사귀고 또래와 어울리는 법을 배워야 한다. 그렇게 하려면 아이에게 성별에 맞는 놀이 방법을 가르쳐 주어야 한다. 남자아이라면 다른 남자아이들과 어울려 놀 수 있도록 남자아이들이 노는 방식을 알려주어야 한다. 여자아이도 다른 여자아이들과 어울릴 수 있도록 여자아이들이 노는 방식을 가르쳐 주어야 한다. 남자아이들이 노는 모습을 보면 대부분 '와아! 뭐야! 우아!' 같은 의성어를 남발하며 논다. 반면에 여자아이들의 노는 방식은 '안녕! 오늘은 뭐할 거야?', '글쎄, 오늘 날씨 좋은데 놀러 갈까?', '그래, 그러자.'처럼 행동은 거의 없고 어떤 일을 시작하기 전에 많은 대화가 오가는 것을 볼 수 있다.

남녀 아이들의 놀이 방식의 차이는 교사의 역할에도 영향을 준다. 자폐스펙트럼장애는 여자아이보다 남자아이에게 더 많이 발생한다. 자폐 진단을 받은 남녀 비율을 보면 4 대 1, 어떤 통계자료는 5 대 1까지 나온다. 남자의 자폐스펙트럼장애 발생률이 압도적으로 높지만, 자폐 아동 치료 환경은 정반대다. 자폐 아동을 가르치는 치료사 대부분이 여성이다. 심리학 전공자들만 봐도 여성이 남성보다 네 배 더 많다. 자폐 아동 관련 기관 종사자의 남녀 비율을 보면 격차는 더 벌어진다. 일반적으로 남녀 치료사 비율은 1 대 5 혹은 1 대 6이다.

따라서 남자아이를 가르치는 여성 치료사는 놀이를 가르칠 때 성별로 인한 차이를 정확히 인지하고 있어야 한다. 엄마나 여성 치료사에게 익숙한 놀이 방식이 남자아이에게 필요한 놀이 방식과 크게 다르기 때문이다.

여성 치료사는 남자아이처럼 과격하게 노는 법도 배워야 한다. 남자아이는 부드럽고 섬세하게 대하기보다 거칠게 어울리도록 교육한다. 심지어 여성 치료사가이 남자아이와 이야기할 때는 목소리 톤도 낮춰 말하도록 한다. 매일 여성 치료사와 지내는 아이가 여성의 고음 말투를 따라 할 수 있기 때문이다. 아이는 자기도 모르게 함께 생활하는 어른들의 태도, 억양, 목소리 톤 등을 모방한다. 남자아이가 여성 치료사의 말투를 흉내 내지 못하도록 저음으로 말하게 하는 것이다.

반대로 남성 치료사가 여자아이를 가르친다면 여자아이들의 놀이 법을 알아야 한다. 평소보다 말을 많이 하고, 소꿉놀이도 하고, 잘 모르는 여자아이와도 놀 줄 알아야 한다. 심지어 머리 땋는 법, 인형 놀이처럼 남자아이를 가르칠 때는 불필요한 다양한 기술까지 배워야 한다.

놀이는 다양한 영역으로 나눌 수 있다. 중요한 점은 놀이 영역은 서로 양립할 수 있다는 것이다. 구체적으로 말하면 독립 놀이를 수행한다는 것이 병행 놀이를 안 한다는 뜻은 아니다. 놀이는 비교적 자유로워서 여러 유형이 섞일 수 있다. 따라서 여러 유형의 놀이를 함께 하는 것이 가능하다.

독립 놀이는 아이가 자기의 자유시간을 얼마나 잘 구성하는지가 중요하다. 아이가 장난감을 가져와 놀다가 다른 장난감으로 바꿔 놀 수 있어야 한다. 아이가 자기의 자유시간을 독립적으로 보낼 수 있는지가 관건이다.

다음으로 **병행 놀이**가 있다. 병행 놀이의 경우 아이가 같은 장소에서 같은 놀이를 할 수 있지만 서로 어울리거나 대화를 나눠야 하는 것은 아니다. 가정에서 아이가 주로 하는 역할 놀이가 대표적이다. 예를 들어, 고양이처럼 행동하며 '야옹' 하고 고양이 소리를 내거나 의사나 경찰관처럼 행동하는 것이다.

마지막으로 상상 놀이는 아이가 특정 물건을 가지고 마치 다른 물건인 것처럼 노는 것을 말한다. 예를 들어, 물병을 귀에 대고 '여보세요? 안녕, 어떻게 지내니?'라고 말하며 전화기처럼 가지고 노는 것이다. 또는 남자아이가 물병을 가지고 '손들어! 움직이면 쏜다. 탕, 탕, 탕'이라고 외치며 마치 총을 가진 것처럼 행동하는 것이다. 자폐 아이들은 모든 유형의 놀이를 아주 구체적으로 하나하나 가르쳐 주어야 한다.

이 중에서 집중적으로 살펴볼 내용은 모방 놀이다. 모방 놀이는 상상 놀이를 가르치려고 만든 프로그램이다. 자폐 아이들은 장난감을 갖고 노는 법을 모른다. 제작 의도대로 놀 줄 모를 뿐만 아니라 창의적으로 놀 줄도 모른다. 장난감 자동차를 가지고 노는 모습을 보면 자동차를 운전하거나 서로 부딪히는 대신 자동차를 일렬로 세워놓고 그냥 지켜본다. 심지어 자동차를 뒤집은 상태에서 바퀴를 굴리는 단순 행동을 반복하기도 한다. 간혹 제대로 노는 경우에도 정해진 순서대로만 하는 고정된 놀이 방식을 고집한다. 레퍼토리가 정해진 것처럼 항상 똑같은 놀이를 반복한다.

이런 아이에게 놀이 방법을 가르치기 위해 고안된 것이 모방 놀이다. 모방 놀이는 아이가 장난감을 가지고 다양한 방식으로 놀 수 있도록 놀이에 노출하는 프로그램이다. 모방 놀이에 들어가기 전에 아이가 놀이를 실행할 기술을 가졌는지 확인해야 한다. 무엇보다 아이가 모방에 능숙해야 한다. 장난감으로 노는 방법을 보여주었을 때 아이가 행동 뿐만 아니라 일부 소리도 따라 할 수 있어야 한다. 단어 모방까지 한다면 더 좋다. 더 나아가 문구나 문장까지 모방할 수 있으면 더할 나위 없다.

모방 놀이를 가르치는 첫 단계에서는 아이가 모방할 동작을 보여주고 따라 하도록 한다. 예를 들어, 부모가 장난감 자동차를 가지고 '부릉, 부릉, 부릉' 하면서 달리는 모습을 보여주었다고 해보자. 아이는 부모가 보여준 동작과 부모가 낸 소리를 따라 해야 한다. 아이가 기본적인 동작과 소리를 따라 할 수 있으면 첫 번째 과정을 마친 것이다.

반복해서 강조하는데, 놀이 프로그램에는 정해진 절차나

방법이 없다. 따라서 아이 수준에 맞춰 프로그램을 진행해야 한다. 앞으로 소개할 놀이 방법도 일반적인 지침이지 엄격하게 따라야 할 규칙이 아니다. 책에서는 놀이 방법 및 진행 과정은 기초부터 시작해 점차 복잡하게 진행하는 일반적인 접근 방식까지 소개할 것이다. 이 과정에서 아이가 어려워하는 부분은 따로 분리해 아이가 배울 때까지 연습시켜야 한다.

부모가 장난감 가지고 노는 방법을 보여준다고 해보자. 지시받은 아이는 장난감을 이상하게 잡거나 부모 동작을 엉뚱하게 따라 할 수 있다. 아이가 잘못된 동작을 하지 않도록 부모는 처음부터 정확하게 모방하는 법을 가르쳐야 한다. 장난감을 잡는 방법부터 움직이는 것까지 세세하게 연습시킨다. 인형 두 개를 손에 들고 서로 대화 나누는 장면을 연출한다고 해보자. 한 인형이 '안녕, 피카츄. 잘 지내니?'라고 인사를 건네고, 피카츄 인형도 '피카, 피카'라고 인사한다. 대화 도중 인형은 의도적으로 몸을 움직여 자기가 말하고 있음을 상대에게 인식시킨다. 반면에 대부분의 자폐 아이는 인형이 말할 때 몸을 움직여야 한다는 사실을 알지 못한다. 따라서 인형이나 장난감은 말하는 동시에 움직여야 한다는 내용까지 알려줘야 한다.

아이가 기본적인 모방을 잘하면 연습한 내용을 합쳐서 점점 더 복잡한 모방을 시도한다. 아이의 실력이 향상될 때마다 놀이의 수준을 점점 높여야 한다. 아이가 동작 하나에 소리 하나를 동시에 실행하면, 다음 단계에서는 동작 두 개와 소리 하나를 조합한 행동을 따라 하게 한다. 아이가 연습을 통해 동작 둘과 소리 하나에 익숙해지면 다음으로 동작 세 개와 소리 하나를 합한 행동을 연습한다. 그다음에는 동작 세 개와 소리(혹은 단어) 두 개로 행동 수준을 높인다. 단계를 높일 때마다 동작과 소리의 조합을 늘리면 된다.

프로그램은 아이의 기술 수준에 맞춰 진행하는데, 가르치는 대상이 남아인지 여아인지에 따라 진행 방식도 달라진다. 남자아이를 가르칠 때는 동작을 더 많이 추가하고 소리는 동작만큼 추가하지 않아도 된다. 여자아이는 정반대다. 동작은 적게 하고 대화를 더 늘려 동작과 소리의 조합을 구성한다. 성별에 따라 구성의 차이가 있지만, 중요한 것은 모방해야 하는 동작과 소리의 조합을 계속 복잡하게 만드는 것이다. 동작과 소리의 조합이 점점 늘어나면 이야기 하나를 만들 수 있는 구성이 생긴다. 그러면 본격적으로 놀이 가르치기에 들어갈 수 있다.

이야기 하나를 구성할 만한 요소를 다 가르쳤다면, 아이들이 좋아할 만한 주제에 맞춰 배운 내용을 적용한다. 남자아이들이 공통으로 좋아하는 주제는 의인과 악인이 대결하는 시나리오다. 악당이 사람들을 위험에 빠뜨리면 의인이 나타나 악당을 물리치는 이야기가 주된 내용이다. 아이들이 좋아하는 또 하나의 주제는 누군가 곤경에 빠졌을 때 영웅이 등장해 구출해주는 것이다. 이 두 가지 주제가 아이들에게 가르치는 일반적인 이야기다. 아이가 착한 사람 역할을 맡아 나쁜 사람을 응징하고 위험에 빠진 사람을 구해주는 방식으로 놀이를 진행한다. 다양한 놀이를 가르치기 위해 부모는 계속 새로운 시나리오를 만들어 아이에게 노출한다. 이 과정을 거치는 동안 아이는 다양한 이야기를 조합해 새로운 방식으로 노는 법을 배운다. 아이에게 많은 이야기를 알려줄수록 아이는 새로운 아이디어를 얻어 놀이에 적용한다.

모방 놀이의 마지막 단계는 아이가 장난감을 가지고 스스로 이야기를 만들어 내는 것이다. 아이에게 장난감을 선택해 건네주면 아이는 장난감과 관련된 이야기를 만들어 놀아야 한다. 아이는 스스로 만든 이야기를 적용한 장난감 놀이를 부모에게 보여주어야 한다. 이후에는 아이가 장난감을 얼마나 활용하느냐에 따라 프로그램 진행이 달라진다. 장난감을 활용한 아이의 시나리오가 좋지 않으면 곧바로 부모가 같은 장난감으로 시나리오를 만들어 노는 방법을 보여주어야 한다. 아이가 다양한 장난감 세트로 같은 시나리오를 모방할 뿐만 아니라 스스로 다양한 이야기를 지어낼 수 있게 연습시킨다.

모방 놀이의 목표는 아이 혼자 장난감과 관련된 이야기를 만들어 노는 것이다. 지금까지 이 목표에 도달하기 위해 아이가 거쳐야 하는 전 과정을 설명했다. 이후에 무엇을 가르칠지 결정하는 것은 아이 수준에 달려있다. 언어 수준이 조금 높은 아이의 경우 또래 아이들과 어울리는 사회적 상황을 준비해 아이가 그 상황에서 어떻게 놀아야 하는지 적절한 방법을 가르친다. 아이는 그 상황에 참여한 경험을 토대로 특정한 상황에서 어떻게 반응하는 것이 적절한지 배울 것이다.

야외 활동

한국 부모들은 자녀가 학업에서 뛰어난 능력을 발휘하길 원한다. 아이의 다양한 기능 중 유독 학업적 성취도를 중시한다. 반면에 놀이 및 운동이 아이에게 얼마나 중요한지는 잘 모른다. 신체활동은 아이 건강에 유익할 뿐만 아니라 아이의 성장과 발전에도 중요한 역할을 한다. 미국 질병통제예방센터(CDC)는 3~5세 아이에게 매일 신체활동을 시키라고 권고한다. 또 6~17세 아이 역시 매일 60분 이상 적당한(혹은 격렬한) 신체활동을 하도록 권고한다. CDC의 권고는 모든 아이에게 유효하다. 매일 꾸준히 신체활동을 하는 아이는 균형 잡힌 성장이 가능하다. 자폐 아이는 신체적으로 비활동적인 경향이 강하다. 일반 아이만큼 움직이거나 뛰려 하지 않고 주로 앉아 있으려고 한다. 운동량이 부족할 수밖에 없기에 신체활동이 더 중요하다.

게다가 자폐 아이는 편식까지 심해 음식을 골고루 섭취하지 않는다. 과일과 채소를 먹지 않는 것은 기본이고, 고기를 아예 입에 대지 않는 아이들도 있다. 반면에 건강을 해치는 인스턴트 음식이나 과자류는 무척 좋아해 쉼 없이 먹기도 한다. 건강에 이로운 음식은 거부하면서 건강에 해로운 음식만 즐기는 것이다. 신체활동이 떨어지는 데다 몸에 해로운 식단만 고집하니 아이가 건강하게 자라길 기대하기 어렵다. 따라서 자녀가 비활동적이라면 아이의 활동량을 늘리기 위해 노력해야 한다. 또 편식이 심하다면 다양한 음식을 골고루 섭

취하도록 식습관을 바꿔주어야 한다.

신체활동은 건강뿐만 아니라 뇌 기능 향상을 위해서도 꼭 필요하다. 신체활동이 집행 기능 향상에 도움이 된다는 많은 연구 결과가 있다. 집행 기능은 간단하게 표현하면 정보 처리 능력을 말한다. 집행 기능에는 정리, 계획, 주의력, 부적절한 행동 억제 및 조절 등의 기술들이 포함되어 있다. 그만큼 우리 몸에서 중요한 기능을 담당하고 있다. 자폐 아이는 집행 기능이 부족한 경우가 많다. 생각을 정리하고, 계획을 세우고, 정보를 배열하고, 감정 조절을 어려워한다. 이 같은 집행 기능을 강화하려면 아이를 더 활동적으로 만드는 수밖에 없다.

우선 자폐 아이에게 가르치는 놀이에는 다양한 탈 것들이 있다. 킥보드*, 세발자전거, 두발자전거는 기본이고, 인라인스케이트, 롤러스케이트, 스케이트보드 등을 가르친다. 왜 아이에게 다양한 탈 것들을 가르칠까? 또래들이 자주 하는 활동을 가르쳐서 그들과 교류하게 하려는 것이 다양한 탈 것을

---

* 킥보드를 가르칠 때 두 발 킥보드는 가르치지만, 세 발 킥보드는 가르치지 않는다. 세 발 킥보드를 가르치는 것이 시간 낭비라고 생각하기 때문이다. 두 발 킥보드는 세 발 킥보드와 기능이 다를 뿐만 아니라 균형 잡는 데도 도움이 되므로 처음부터 두 발 킥보드를 가르치는 것이 낫다.

가르치는 목적이다. 야구, 농구, 축구 같은 운동도 가르쳐야 한다. 아이들이 학교뿐만 아니라 일상에서 자주 접하는 운동이기 때문이다. 놀이나 운동을 가르칠 때는 처음부터 한꺼번에 가르치면 안 된다. 아이가 놀이나 운동을 잘하려면 필요한 기술 먼저 가르쳐야 한다. 개별 기술들을 충분히 가르쳐 실력이 웬만큼 갖춰지면, 이후 다른 아이들과 어울려 놀게 한다.

그네, 미끄럼틀, 시소, 정글짐, 암벽 같은 다양한 놀이기구가 있는 놀이터 활동도 가르친다. 놀이터 활동에는 구름사다리, 나선형 미끄럼틀 등도 포함한다. 주의할 점은 일반 아이들에게 즐거움을 주는 놀이기구가 자폐 아이들에게는 두려움을 일으킨다는 것이다. 일반 아이들이 즐겁게 타는 그네조차 자폐 아이들에게는 공포의 대상으로 다가온다. 따라서 아이에게 놀이기구 타는 법을 가르칠 때도 아이가 거부감을 느끼지 않도록 체계적으로 가르쳐야 한다. 그렇게 해서 아이가 놀이기구 타는 법을 배운다면 놀이기구에 대한 두려움도 함께 극복할 것이다.

모든 운동의 기초가 되는 달리기를 가르쳐야 하는 아이도 있다. 아이가 차렷 자세로 뛴다든가 같은 손과 발을 동시에

뻗는 동작 등으로 어색하게 달릴 수 있기 때문이다. 달리기를 어려워하는 아이에게도 바른 자세로 달리는 기술을 가르쳐 주어야 한다. 달리는 동안 손과 발을 어떻게 움직여야 하는지 하나하나 세세하게 가르쳐야 한다.

아이에게 특정 활동을 가르치려고 할 때 부모가 그 활동을 할 수 있어야 하는 것은 아니다. 개인적으로 나는 평생 스케이트보드를 타본 적이 없다. 지금 스케이트보드를 탄다면 심한 부상을 입고 말 것이다. 그런데도 지금까지 수많은 아이에게 스케이트보드 타는 법을 가르쳤다. 비록 스케이트보드를 못 타지만, 스케이트보드를 타는 방법은 알기 때문이다. 이처럼 아이를 가르치기 위해 특정 활동을 잘할 필요는 없다. 그 활동을 위해 필요한 기술을 효과적으로 가르칠 줄 알면 된다. 그런 점에서 유튜브는 부모와 치료사에게 아주 유익한 교사다. 유튜브에는 거의 모든 강의가 있어서 가르치고 싶은 분야의 기술을 금방 배울 수 있다. 스스로 공부해 자녀를 가르칠 수 있도록 유튜브 같은 다양한 매체를 활용하는 지혜가 필요하다.

아이에게 다양한 활동을 가르치는 것도 중요하지만, 제대로 된 기술을 가르치는 것이 더 중요하다. 올바른 기술을 갖춘 아이와 그렇지 못한 아이 사이에 상당한 실력 차가 생기기 때문이다. 문제는 올바른 기술을 가르치는데 많은 시간이 걸린다는 것이다. 자폐 아이들은 대근육, 소근육 모방을 어려워해 배움에 상당한 시간이 걸린다. 게다가 배움을 싫어해 부모의 가르침을 거부하며 반항하기도 한다. 또한 배우려는 욕구가 있어도 막상 가르쳐주면 기술 자체를 어려워한다. 이런 악조건에도 연습을 통해 아이가 특정 기술을 익히면 아이의 전반적인 기능도 향상된다.

예를 들어, 아이에게 공던지기 기술을 가르친다고 해보자. 그 과정에서 아이가 공을 던질 수 있을지 없을지 결과를 따지는 일은 무의미하다. 공을 멀리 던질 수 있는 강한 팔이 있어도 던지는 기술이 없으면 실력을 발휘할 수 없기 때문이다. 제대로 된 기술을 갖추지 못한 아이는 시간이 갈수록 좋은 기술을 가진 아이에게 점점 더 밀린다. 그러므로 부모와 치료사는 올바른 기술을 가르치는 일에만 전념해야 한다. 아이가 '어떻게' 공을 잘 던질 수 있는지 기술에 초점을 맞춰 가르쳐야 한다. 아이가 올바른 기술을 배워야만 또래와의 경쟁에서 밀리지 않고 버틸 수 있다.

이 과정에서 항상 기억해야 할 내용이 있다. 아이에게 필요한 기술을 한꺼번에 가르치지 말고 나누어 가르치라는 것이다. 부모와 치료사는 가르치려는 활동을 전반적으로 살펴보고 필요한 기술을 개별 단위로 나눈다. 전체 활동을 작은 단위로 나눈 후 각각의 기술을 아이에게 가르치는 방식으로 과제를 진행한다. 아이에게 농구공으로 슈팅하는 법을 가르친다고 해보자. 우선 아이가 골대를 향해 서는 법을 가르친다. 공을 던질 지점에 서서 골대 방향으로 발끝을 나란히 두게 한다. 다음으로 공을 잡게 한 후 한 손은 공 뒤쪽 아래에 두고, 다른 손은 측면을 잡도록 한다. 공을 던질 땐 아이가 공을 가슴까지 내렸다가 두 팔을 힘차게 뻗어 위로 던지게 한다. 이게 농구의 슈팅 과정이다.

부모가 의욕이 앞서 '오늘 안에 이 과정을 전부 아이에게 가르쳐야지'라고 생각해서는 안 된다. 처음에는 아이가 공을 던질 지점에서 농구 골대를 향해 바르게 서는 동작만 반복해서 연습한다. 이게 익숙해지면 다음 단계에서는 공을 정확하게 잡는 연습을 한다. 이렇게 개별 단위로 나눈 동작을 하나씩 반복 연습해 전체 동작을 완성해 나간다. 과제를 진행할 때는 가능한 한 수업을 짧게 하되 아이가 성공하도록 도움을 줘서 바로 강화를 받게 해야 한다. 이게 프로그램 진행에서 가장 중요한 사항이다.

그동안의 경험에 비추어 보면 부모들은 아이가 설명만 듣고도 과제를 잘 수행할 것으로 믿는 경향이 있다. '내 지시만 듣고도 아이는 충분히 할 수 있어'라고 생각하는데, 그건 완전히 잘못된 생각이다. 아이에게 킥보드 타는 법을 가르치려면 최우선으로 아이가 킥보드 손잡이를 잡게 해야 한다. 아이에게 '준비해!'라고 지시한 후 곧바로 아이 손을 잡아 킥보드 손잡이를 잡게 한다. 아이가 손을 놓으면 '아니'라고 한 후 다시 손잡이를 잡게 한다. 아이가 손잡이를 제대로 잡으면 다음 단계에서는 아이 발을 잡아 킥보드 위에 올린다. 킥보드를 제대로 타기 위해서는 아이가 정확한 위치에 발을 먼저 올려야 한다.

과제를 진행하는 동안 아이에게 도움을 주고 있는지 수시로 확인해야 한다. 도움은 한 번으로는 충분치 않다. '자세 잡는 법을 한번 보여줬으니 이제 잘하겠지'라고 생각하면 안 된다. 연습할 때마다 매번 도와주어야 한다. 만약 아이가 실패하면 아이의 손발을 직접 잡아서 **계속, 계속, 계속** 도와주어야 한다. 아이 스스로 손과 발을 어디에 놓아야 하는지 알 때까지, 어떻게 자세를 취해야 하는지 정확히 이해할 때까지 계속 도와야 한다. 아이가 성공하도록 도움을 주되 말로만 설명하는 것으로는 한계가 있다. 아이의 손과 발을 잡아 정확한 자세를 취하도록 구체적으로 도와주어야 한다.

신체활동은 발달장애 아이들에게 꼭 필요한 유익한 활동이다. 아이의 활발한 신체활동은 학교, 일상생활, 또래와의 교류 등에 큰 도움이 된다. 신체활동을 처음 연습할 때는 필요한 기술을 가르치느라 오랜 시간이 걸린다. 그러므로 서두르지 말고 틈틈이 시간을 내서 조금씩 가르치는 것이 좋다. 장기적인 전망으로 미래를 내다보며 아이가 성공할 수 있는 토대를 마련해야 한다. 만약 아이가 아직 기술을 배울 수준이 안된다면 그냥 잔디밭에서 같이 뛰놀거나 미끄럼틀을 타게 하는 것도 하나의 방법이다.

뛰노는 습관을 기르기 위해 몇 가지 야외 활동을 함께 하는 것도 괜찮다. 아이는 게임 규칙을 몰라도 술래잡기 놀이를 하듯이 쫓고 도망치는 행위만으로도 즐거워하기 때문이다. '무궁화꽃이 피었습니다' 같은 단순한 게임에 참여시키면 술래가 쫓아올 때 도망가는 것만으로도 아이가 즐거워하는 것을 볼 수 있다.

동시에 다양한 놀이기구 타는 기술을 가르치면 아이의 활동 범위를 넓힐 수 있다. 자폐 아이는 대소근육이 발달하지 못해 놀이기구를 타지 못하는 경우가 많고, 놀이기구를 타는 게 무서워 즐기지 못할 때도 많다. 아이 수준에 맞는 놀이기구를 선택해 노출을 통해 친근하게 한 후 조금씩 태우면 아이는 점점 놀이기구를 즐기게 될 것이다. 이 과정을 거친 후 테마파크에 데려가면 아이는 다양한 놀이기구를 타며 신체활동을 즐길 뿐만 아니라 줄서기, 기다리기 등 아이가 기초 과정에서 배운 다양한 프로그램을 적용할 기회를 제공할 것이다.

　　오랫동안 내가 고안한 치료 프로그램을 책으로 출간하는 일을 꺼려왔다. 단순히 꺼리는 것을 넘어 고집스레 반대해 왔다. 그 이유는 ABA로 아이를 치료한다고 하면서도 정작 자기가 무엇을 하는지 잘 모르는 전문가(?)가 너무 많기 때문이다. 이 말을 들은 사람은 '아니 효과적인 치료 프로그램을 공개하는 것이 다른 사람에게 더 도움이 되는 거 아닌가?'라고 반문할 것이다.

　　내가 생각하는 행동 치료 프로그램의 핵심은 문제 해결 (problem solving) 능력이다. 구체적으로 ABA의 원리를 활용하여 효과적인 교육 방법과 의미 있는 중재를 구축하는 것이다. 아이마다 증상이 다르기에 아이의 발달을 극대화하기 위해 개별 맞춤으로 설계된 '프로그램'이나 '중재'를 적용해야 한다. 이 점을 고려하지 않고 ABA 이론을 글로 정리해 책으로 출간하면 책의 내용을 유일무이한 치료 프로그램처럼 생각하기 쉽다. 아이 상황에 따라 시시각각 바뀌어야 하는 유연한 프로그램 계획 및 실행에 책이 하나의 철칙으로 작용하는 것이다. 그 결과 책을 읽은 사람들이 프로그램이나 중재의 근간이 되는 원리를 제대로 이해하지 않고 아이에게 적용하는 오류를 범하게 된다. 그러다 보면 전문가들의 다양한 기술을 확장해가기보다 오히려 제한하게 된다. 이게 그동안 책 출간을 꺼린 이유다.

그러나 한국 부모들을 돕기 시작하면서 생각이 조금씩 변하기 시작했다. 이 변화는 첫 번째 책의 출간을 준비하면서 시작되었고, 두 번째 책을 만드는 과정에서도 계속 이어졌다. 내가 마음을 바꾼 가장 큰 이유는 책 출간의 목적이 전문가가 아닌 부모에 맞춰 기획되었기 때문이다. 행동 치료에 관한 교육 및 훈련을 받은 적이 없는 부모들이 자녀를 가르칠 수 있도록 어떻게든 돕고 싶었다. 그것이 책의 출간을 허락한 주된 이유다. 부디 이 책이 부모들에게 도움이 되길 바라며 아이를 가르칠 때 반드시 기억해야 할 내용 몇 가지를 소개하는 것으로 책을 마무리하고 싶다.

첫째, 프로그램은 단지 아이에게 가르치려는 기술 또는 기술 집합의 이름일 뿐이다. 아이가 배우길 원하는 모든 기술은 전부 프로그램으로 만들 수 있다. 앞서 본문에서 '내 머리 만지지 마'나 '화장실에 따라오지 마' 같은 프로그램을 실행한 경험을 소개했었다. 그중에서 '화장실에 따라오지 마' 프로그램은 ABA 치료사가 화장실에 갈 때마다 아이가 따라와 문밖에서 기다리는 행동이 반복되면서 시작되었다. 화장실에서 나올 때마다 아이가 기다리고 있어 치료사는 무척 난처했다.

그 사실을 알고 ABA 치료사에게 다음과 같이 프로그램을 진행하라고 알려 주었다. 우선 아이에게 '화장실 갈 거야'라고 말한 뒤 자리에서 일어난다. ABA 치료사는 화장실로 가기 전에 아이에게 하던 놀이를 계속하라고 지시한다. 지시에도 불구하고 아이가 일어나 따라오려 하면 ABA 치료사는 아이에게 '아니, 화장실에 가는 사람 따라가면 안 돼!'라고 말하고 아이를 다시 돌려보내 놀게 한다.

치료사는 배운 내용을 현장에서 아이에게 적용했다. 처음에 치료사는 화장실에 들어가자마자 바로 나왔다. 그때도 아이가 놀고 있으면 ABA 치료사는 아이를 강화했다. 만약 아이가 놀지 않고 치료사를 따라오려고 하면 ABA 치료사는 '아니'라는 피드백을 반복하며 아이가 성공할 때까지 시팅을 반복했다. 아이가 잘 기다리면 ABA 치료사는 화장실에서 머무는 시간을 늘렸다. 나중에는 실제 화장실에 머무는 시간만큼 늘리는 것까지 가능했다. 이처럼 아이에게 필요한 모든 기술은 프로그램으로 만들어 진행할 수 있다.

둘째, 모든 아이는 다르다. 따라서 한 아이에게 효과적인 방법이 다른 아이에게도 효과가 있다고 보기 어렵다. 같은 부모 밑에서 자란 아이들도 완전히 반대 성향인 경우가 허다하다. 내게도 아들과 딸이 있는데, 두 아이의 성향이 완전히 다르다. 아들은 나이에 비해 키가 크고 검고 거친 머리카락을 갖고 있다. 항상 몸이 차가워 땀을 거의 흘리지 않는다. 피자와 핫도그 같은 미국 음식을 좋아하며, 오랫동안 앉아서 어떤 활동이든 집중하는 편이다. 반면에 딸은 나이에 비해 키가 작고 연한 갈색의 부드러운 머리카락을 갖고 있다. 체온이 항상 높아 잠을 자면서도 자주 땀을 흘린다. 아들과 달리 미국 음식보다 아시아 음식을 선호하며, 어떤 활동이든 오랫동안 지속하지 못하고 쉽게 흥미를 잃는 편이다. 이 외에도 두 남매가 얼마나 다른지 보여주는 예는 수없이 많다. 대표적으로 딸은 녹차를 좋아하지만, 아들은 녹차를 싫어한다. 만약 두 아이에게 녹차를 먹인다면 어떤 일이 일어날까? 딸에게는 녹차가 강화로 작용하겠지만, 아들에게는 벌로 작용할 것이다. 한 가지 기법이 모든 아이에게 유용한 것이 아님을 알 수 있다.

셋째, 자녀를 성공적으로 가르치기 위해 부모가 반드시 갖추어야 할 요소가 있다. 바로 고집이다. 자폐스펙트럼장애가 있는 자녀를 가르치면서 부모들이 가장 힘들어하는 것은 아이의 문제행동이다. 나는 오랫동안 침을 뱉거나 발로 차고 때리는 등의 다양한 문제행동을 보이는 아이들을 위해 일해 왔다. 그 과정을 거치면서 자폐 아이들이 보이는 문제행동들을 거의 다 경험했다. 수많은 경험이 쌓여 지금은 아이가 몇 시간 동안 문제행동을 일으켜도 흔들리지 않고 차분히 대처할 수 있게 되었다.

그러나 문제행동이 심한 아이에게 관대한 나도 정작 내 자녀를 가르칠 때는 금방 인내심의 한계를 느낀다. 그만큼 자녀를 가르치는 것이 부모에게 쉽지 않은 일이다. 이런 상황에서 부모는 자녀의 문제행동에 반응하지 않는 법을 배우는 것이 중요하다. 부모가 화를 내거나 흥분하면 자녀의 문제행동은 줄지 않고 더 길어진다. 따라서 아이에게 감정을 드러내지 말고 끝까지 완수(follow through)해야 한다. 아이가 저항하며 거부해도 포기하지 말고 고집스럽게 대처해야 한다. 아이의 고집보다 부모의 고집이 더 세야 아이를 바꿀 수 있다. 부모는 물이고, 아이는 바위라고 생각하면 된다. 물방울을 계속 흘려보내면 바위도 뚫리는 것처럼 부모의 고집스러운 대응이 아이의 고집을 닳고 닳게 만들어 결국 아이의 행동을 바꿀 것이다.

넷째, 아이가 문제행동을 일으키기 전에 어떻게 대응할 것인지 미리 계획을 세워야 한다. 부모는 자녀가 어떤 상황에서 문제행동을 일으키는지 이미 알 것이다. 아이와 오랜 시간을 보냈기에 충분히 예측할 수 있다. 문제행동을 예측할 수 있다면 대비하는 것도 가능하다. 문제행동을 일으킨 후에 즉석에서 해결책을 마련하는 건 어려운 일이다. 그뿐만 아니라 아이가 갑자기 문제행동을 일으키면 부모는 자기도 모르게 화내거나 부적절한 반응을 보일 수도 있다. 그러면 아이를 위한 최선의 선택에서 점점 멀어진다. 반면에 미리 계획을 세웠다면 그냥 계획대로 대처하면 된다. 만약 계획대로 해서 문제행동 대응에 실패한다면 계획은 수정하면 된다. 또 행동 중재를 사전에 계획했어도 중재가 효력을 발휘하려면 시간이 필요하다는 사실도 기억해야 한다.

　마지막으로, 아이들의 문제행동은 나아지기 전에 더 나빠진다. 행동 중재를 하면 아이의 문제행동이 (더 시끄럽게, 더 극단적으로) 심해지거나 (전에는 보이지 않던 도망가기, 때리기 등으로) 다양해지거나 (한 문제행동에서 다른 문제행동으로) 바뀌는 것을 볼 수 있다. 이것은 부모가 행동 중재를 제대로 하고 있다는 긍정적인 신호다. 아이의 문제행동이 변하는 데는 반드시 그만한 이유가 있다. 부모의 효과적인 중재로 인해 아이가 원하는 것을 더는 얻지 못할 때만 문제행동이 심해지거나 다양해지거나 바뀐다. 아이의 문제행동이 변하는 것은 문제행동이 소거되기 전에 나타나는 일반적인 현상이므로 걱정할 필요가 없다. 반면에 특정한 행동 중재를 오래 했는데도 아이의 문제행동에 변화가 없다면 해당 중재는 효과가 없는 것이다. 행동 중재 방법을 바꿔야 한다.

기본 대근육 동작모방 목록

번호	기본 대근육 모방	시작 날짜	습득 날짜
1	박수치기(여러 번)		
2	발 구르기(양발로, 여러 번)		
3	일어서기		
4	허벅지 치기(양손으로, 여러 번)		
5	손머리(양손)		
6	발 만지기(양손)		
7	돌기(360도)		
8	무릎 만지기(양손)		
9	발차기(우세발)		
10	양팔 올리기(축하 제스처)		
11	깍지 끼기		
12	탁자 두드리기(우세손)		
13	발차기(비우세발)		
14	가리키기(물건을 가리킬 때, 우세손)		
15	양팔 올리기(항복한다는 제스처)		

번호	기본 대근육 모방	시작 날짜	습득 날짜
16	팔 앞으로 내밀기(강시 귀신처럼)		
17	코 만지기(가리키기, 양손)		
18	귀 만지기(가리키기, 양손)		
19	눈가 만지기(가리키기, 양손)		
20	입 만지기(가리키기, 양손)		
21	양손 문지르기		
22	가슴 두드리기(타잔처럼)		
23	머리 끄덕이기(위아래로 여러 번)		
24	머리 흔들기(좌우로 여러 번)		
25			
26			
27			
28			
29			
30			
31			

대근육 거울 동작모방 목록

번호	대근육 거울 모방	시작 날짜	습득 날짜
1	머리 만지기(우세손)		
2	머리 만지기(비우세손)		
3	손들기(비우세손)		
4	주먹 쥐기(비우세손)		
5	배 두드리기(비우세손, 여러 번)		
6	오른쪽 무릎 올리기		
7	왼쪽 무릎 올리기		
8	손 흔들기(우세손, 안녕할 때처럼)		
9	코 가리키기(오른손 손가락)		
10	코 가리키기(왼손 손가락)		
11	허리에 손 얹기(네 손가락이 허리 앞으로)		
12	팔짱끼기		
13	가리키기(우세손, 사람을 가리킴)		
14	손 흔들기(비우세손, 안녕할 때처럼)		
15	가리키기 (비우세손, 사람을 가리킴)		
16	차렷 자세(발을 모아서, 옆에 손 두기)		

번호	기본 대근육 모방	시작 날짜	습득 날짜
17	발 만지기(서 있는 상태, 무릎 펴고)		
18	아이의 오른쪽으로 옆걸음		
19	아이의 왼쪽으로 옆걸음		
20	X 자세로 서기(발을 벌려 놓고, 팔을 올리기)		
21	아이의 왼발을 오른손으로 만지기		
22	아이의 오른발을 왼손으로 만지기		
23	팔 안으로 굽혀 앞으로 굴리기(wheels on bus 동요 손동작)		
24	팔 돌리기(앞으로 돌리기)		
25	오른쪽으로 옆걸음(거울 모방)		
26	왼쪽으로 옆걸음(거울 모방)		
27	팔 돌리기(뒤로 돌리기)		
28	댄스(팔 움직이기&몸통 비틀기)		
29	손 열고 닫기(반짝반짝 제스처)		
30			
31			

대근육 동작모방 목록*
(아이와 같은 방향을 보고 나란히 서서)

번호	대근육 모방(아이와 같은 방향 본 상태)	시작 날짜	습득 날짜
1	차렷 자세		
2	양팔 돌리기		
3	오른손 들기		
4	왼손 들기		
5	발 만지기		
6	오른쪽으로 옆걸음		
7	왼쪽으로 옆걸음		
8	X 자세로 서기		
9	왼발을 오른손으로 만지기		
10	오른발을 왼손으로 만지기		
11	오른쪽 무릎 들기		
12	왼쪽 무릎 들기		
13	오른발 앞으로 내딛기		
14	왼발 앞으로 내딛기		

* 전후좌우 모든 위치에서 가능해야 함.

소근육 동작모방 목록

번호	소근육 모방	시작 날짜	습득 날짜
1	엄지척(우세손)		
2	다섯 손가락 쫙 펴기(우세손)		
3	검지 손가락 쫙 펴기(우세손)		
4	네 손가락 쫙 펴기(우세손)		
5	엄지척(비우세손)		
6	다섯 손가락 쫙 펴기(비우세손)		
7	검지 손가락 쫙 펴기(비우세손)		
8	네 손가락 쫙 펴기(비우세손)		
9	총 손동작(우세손, 검지는 피고 엄지는 위로)		
10	브이 손동작(우세손)		
11	브이 손동작(비우세손)		
12	새끼 손가락 올리기(우세손)		
13	새끼 손가락 올리기(비우세손)		
14	세 손가락 쫙 펴기(우세손)		
15	세 손가락 쫜 펴기(비우세손)		
16	샤카 사인(우세손, 엄지와 새끼 손가락만 펴고 나머지는 주먹 쥐기)		

번호	소근육 모방	시작 날짜	습득 날짜
17	오케이(우세손)		
18	오케이(비우세손)		
19	손가락으로 두드리기(우세손)		
20	손가락으로 두드리기(비우세손)		
21	손가락 꼬기(우세손, 중지가 검지 위에)		
22	손가락 꼬기(비우세손, 중지가 검지 위에)		
23	손가락을 약지부터 엄지까지 차례대로 만지기(우세손)		
24	손가락을 약지부터 엄지까지 차례대로 만지기(비우세손)		
25			
26			
27			
28			
29			
30			
31			
32			

구강&얼굴 근육 동작모방 목록

번호	구강&얼굴 근육 모방	시작 날짜	습득 날짜
1	쉿(우세손, 입 위에 검지 손가락)		
2	생각 중(턱 위에 주먹)		
3	입 크게 벌리기		
4	혀 차기		
5	입술을 꽉 다물기		
6	볼 빵빵히 부풀기		
7	후 불기		
8	혀 앞으로 내밀기		
9	아랫 입술을 물기		
10	입술 내밀기(뽀뽀)		
11	두 눈 감기		
12	미소 짓기(이 보이게)		
13	혀를 아이의 오른쪽으로 내밀기		
14	혀를 아이의 왼쪽으로 내밀기		
15	혀를 좌우로 움직이기		
16	혀를 입 천장에 붙이기		

번호	소근육 모방	시작 날짜	습득 날짜
17	입술 삐죽(아랫 입술 내밀기)		
18	눈썹 올리기		
19	윙크(우세눈)		
20	눈을 좌우로 굴리기		
21	윙크(비우세눈)		
22			
23			
24			
25			
26			
27			
28			
29			
30			
31			
32			

수용 지시 목록

번호	기본 동작 수용	시작 날짜	습득 날짜
1	박수쳐(여러 번)		
2	발 굴러(여러 번, 발 번갈아)		
3	배 두드려(우세손)		
4	손 머리(양손)		
5	일어서		
6	노크해(우세손)		
7	만세		
8	돌아		
9	발 만져(양손)		
10	앉아		
11	하이파이브(우세손)		
12	코 만져(우세손)		
13	손 들어(우세손)		
14	양팔 벌려(십자 모양처럼)		
15	안녕(우세손)		
16	점프해		

번호	기본 동작 수용	시작 날짜	습득 날짜
17	바위 내(주먹-우세손)		
18	보 내(손 펴기-우세손)		
19	가위 내(아래로-우세손)		
20	발차기		
21	엄지 척		
22	엄지 내려		
23	고개 흔들어(좌우로)		
24	입 벌려		
25	고개 끄덕여(위 아래로)		
26	어깨 으쓱해		
27	후우 불어		
28	손가락 움직여(양손)		
29	발가락 움직여(양발)		
30	팔짱껴		
31	한 발로 서		
32	양팔 앞으로(강시 귀신처럼)		

번호	기능적 동작 수용	시작 날짜	습득 날짜
1	앉아		
2	일어나		
3	걸어		
4	멈춰		
5	뛰어		
6	불 켜		
7	불 꺼		
8	문 열어		
9	문 닫아		
10	TV 켜		
11	TV 꺼		
12	물 틀어		
13	물 잠가		
14	수건 가져와		
15	휴지 줘		
16	공 가져와